仅以此书献给

我热爱多年的

迈克尔·杰克逊

用户体验设计师的交互指南

王争——著

電子工業出版社
Publishing House of Electronics Industry
北京•BEIJING

内容简介

用户体验（User Experience，UE）是用户在使用产品过程中建立起来的一种纯主观感受。近年来，用户体验在产品设计中越来越受到重视。用户体验虽然因为互联网而被大家熟知，但它绝对不仅仅存在于互联网领域，还存在于生活中的方方面面。

本书主要介绍用户体验设计师需要掌握的一些技能，以及用户体验的优化策略，主要内容包括用户体验设计入门、概念、元素、体系、组件。全书每个知识点都通过举例或者对比的形式来介绍，具有直观、易学的特点。

本书适合用户体验设计师、交互/视觉设计师、产品经理学习。

图书在版编目（CIP）数据

争论点：用户体验设计师的交互指南 / 王争著. —北京：电子工业出版社，2019.6

ISBN 978-7-121-36206-4

Ⅰ.①争… Ⅱ.①王… Ⅲ.①人-机系统－系统设计 Ⅳ.①TP11

中国版本图书馆CIP数据核字（2019）第057391号

责任编辑：王　静

印　　刷：天津千鹤文化传播有限公司

装　　订：天津千鹤文化传播有限公司

出版发行：电子工业出版社

北京市海淀区万寿路173信箱　　邮编100036

开　　本：787×980　1/16　印张：17.25　字数：366千字

版　　次：2019年6月第1版

印　　次：2019年6月第1次印刷

定　　价：99.90元

凡所购买电子工业出版社图书有缺损问题，请向购买书店调换。若书店售缺，请与本社发行部联系，联系及邮购电话：（010）88254888，88258888。

质量投诉请发邮件至zlts@phei.com.cn，盗版侵权举报请发邮件至dbqq@phei.com.cn。

本书咨询联系方式：010-51260888-819，faq@phei.com.cn。

推荐序

这是一个人人都讲用户体验的时代，很多“BAT”级别公司中的设计团队，已经逐步放弃了交互设计与视觉设计的分工界限，转而重视具备综合能力的“用户体验设计师”这个岗位。我相信在不久的将来，“用户体验设计师”将成为设计师们新的代名词。这让我们必须从“用户”的角度去审视我们的作品。王争是在 UI 中国用户体验设计平台成长起来的新秀，他的文章通俗易懂，非常适合初学者和入行不久的设计师，也得到不少会员的支持和肯定。本书同样如此，简单明了的四个模块：概念、元素、体系、组件，把移动端体验设计的基本方法说得很清楚，是用户体验设计师前期需要系统了解的内容，值得一看。

董景博

中国用户体验设计平台　创始人 &CEO

前言

为什么写书

对设计师来说，工作能力从来不会跟工作年限画等号。很多设计师已经工作了 5 年以上，但是对于一些知识点的认识还停留在很浅显的阶段。他们满足于一知半解，觉得够用就行，对于设计原理不会深入研究，知其然而不知其所以然。这类设计师很容易进入职业生涯的瓶颈期而无法再提高，我也曾经进入过瓶颈期。当时我希望可以通过大量地看视频和阅读文章来提升自己的能力，但是效果一直不太明显。因为我没有对这些松散知识点进行总结，使之“系统化”。界面里的每一个元素都不是以独立的个体而存在的，它们相互联系，相互影响。罔顾整体的影响，就会使得我们对个体的学习很片面，不得要领。因此，“**设计理论系统化**”是我一直追求的目标，而市面上这样的书很少，这本书算是我的一次探索和尝试。在本书中我用通俗易懂的文字深入浅出地阐述设计原理，书中的每一个理论，我都会加上产品实例加以论证，方便读者理解。

本书内容

本书共分为 5 章，各章内容介绍如下。

第 1 章：不管是产品经理还是设计师，我们的目的都是为了提升产品的用户体验。那么用户体验到底是什么？我们怎么衡量一款产品的用户体验水平？本章开门见山地介绍了产品用户体验的基本概念，将用户体验分为六大基本原则：**有用性、可见性、易感知、易用性、容错性和一致性**，并且针对每个原则进行了详细而系统的阐述。

第 2 章：本章主要列举了几个让设计师比较头疼的问题，例如：**设计规范、界面适配、手势设计、异常场景设计**。这些问题也会让很多工作好几年的设计师经常犯晕，这里我结合了大量的产品实例对其进行了深入的讲解。

第 3 章：界面中的元素主要分为 8 类：**色彩、布局、文字、图标、按钮、间距、插画、动画**，这些元素共同构成了产品的界面。设计师的职责就是在界面中合理地分配这些元素，让用户更好地使用。本章主要介绍了界面设计中基本元素的设计思路。

第 4 章：界面里的每一个元素都不是以一个独立个体而存在的，它们相互联系，相互影响。所以，设计师在设计的过程中，着眼点应该是整个产品。本章主要通过介绍常见设计体系的构建，探讨设计师如何从产品的维度进行设计。

第 5 章：本章主要介绍常用组件的使用方法。很多设计师对于组件只做到了浅尝辄止：只会使用 Toast 通知用户，只会使用文本框让用户录入信息。他们不会深究每个组件最适用的场景。对一名优秀的设计师来说，一旦一个功能可以由多个组件完成，他就需要选择出那个最合适的组件。

致谢

感谢本书的编辑王静，她在 2017 年 10 月就向我邀稿。2018 年 5 月，我正式下定决心开始写书，到现在本书出版，整整一年，感谢她一直以来给予巨大的帮助。

感谢我的朋友夏彩云，在我最开始翻译文章的时候，远在德国的她一直在帮我审核文章的内容，保障了我的文章的质量。

感谢孙律明老师在 2016-2018 年这两年来的启发和引导，让我明白设计不止于界面设计。感谢贾考祥在我 2018 年转型的时候给予我的巨大的帮助。感谢所有关注我的朋友，你们的认可和支持是我埋头写书最大的动力。

勘误与互动

本人虽然已经竭尽全力，但是书中难免会有一些错误，欢迎大家在我的个人微信公众号“王 M 争”中直接反馈问题。我也会定期发布书籍的勘误信息。

作 者

目 录

Contents

第 1 章 用户体验入门

什么是用户体验？用户体验的评价标准又有哪些？

1.1 什么是用户体验

近年来，“用户体验”作为一个热词，在越来越多的场合中被提及。很多互联网公司都打出口号要提升产品的用户体验，并且成立了专门的 UED 部门或者小组推进产品的用户体验优化工作。

这是一个非常令人欣喜的现象，其表明用户体验在产品设计中受到越来越多的重视。这也意味着，用户体验将作为一个新的指标用以评价我们这些互联网行业从业者的能力。为了不被淘汰，也为了可以有更好的发展，我们需要更新自己的技能库，将用户体验纳入自己的知识框架中。

要系统地了解和学习用户体验，首先我们得知道究竟什么是用户体验。这个问题虽然看似有点儿“多余”，但是我发现很多设计行业的从业者都没有弄清楚用户体验的含义。

用户体验是一个含义很广泛的术语，百度百科给出的用户体验定义是：**用户体验（User Experience，简称 UE/UX）是用户在使用产品过程中建立起来的一种纯主观的感受。**要理解这句话的含义，就要弄明白这里所提到的**“产品”**和**“纯主观感受”**是什么意思。

1.1.1 产品

很多人都对用户体验存在一个误解，认为用户体验仅存在于互联网领域中。如果按照这个思路，那么上文所说的产品必然也就是特指互联网产品，其实不然，**任何可以解决用户痛点（需求）的事物我们都可以称为产品。而用户在使用产品过程中所产生的心理反馈就是用户体验。**

手机满足了我们对于沟通的诉求；高铁满足了我们对于出行速度的诉求；餐馆满足了我们对于美食的诉求（见图 1-1）。因此，我们可以说手机、高铁和餐馆是产品，我们在与之“交互”过程中所产生的心理反馈就是用户体验。

图 1-1 强哥的手机、高铁和大学时代的最后一次聚餐

如果一家餐馆的灯光柔和、服务员态度热情，并且在客人就餐过程中会播放轻缓、唯美的轻音乐，那么我们可以说这家餐馆的用户体验做得很到位。

所以，用户体验虽然因为互联网而被大家熟知，但是用户体验绝对不仅仅存在于互联网领域中，它存在于生活中的方方面面。我们通过深度学习掌握互联网产品用户体验的核心知识，在其他领域同样适用。

1.1.2 纯主观感受 / 心理反馈

心理反馈是建立在用户对产品的感知上，而用户对产品的感知来自感官。眼睛是“心灵的窗户”，90% 的外界信息都是通过眼睛来获取的，这也是很多人把用户体验设计误认为 UI（User Interface，用户界面）设计的原因。用户体验设计是一个庞大的体系，如图 1-2 所示。

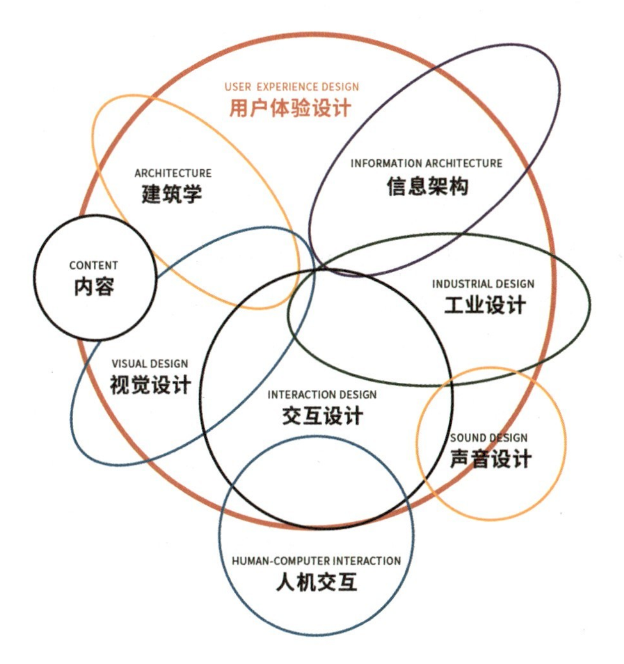

图 1-2 用户体验设计体系

2017 年，为了提升产品的用户体验，领导让我组织一次产品线交叉“走查”活动。因为产品线的负责人每天都在做自己的产品，很难发现其中的问题。所以我们安排大家互相“走查”对方的产品线，希望能发现更多的问题。不过有一条产品线的负责人当时就拒绝了我的要求，他的理由是他们的产品是根据设计部门最新给的设计规范做的，所以用户体验没有问题。

图 1-3 用户体验设计≠ UI 设计

这样的观点是狭隘的，因为用户体验设计的范围要远大于 UI 设计。以一个抽奖活动页为例，如图 1-3 所示。如果我们要评价这个抽奖活动页的用户体验，那么评价指标不仅仅是这个页面配色是否好看，按钮位置是否居中，还应该包括活动规则乃至奖品的领取方式，因为这些都会影响用户在使用过程中的感受。所以，要做产品的用户体验优化工作，不能给自己设限制。**用户体验优化工作是没有禁区的。**

以 iOS 12 系统为例。据官方介绍，iOS 12 系统中的 APP 启动速度快了 40%，输入法调出速度快了 50%，照相机启动速度快了 70%。对 iOS 系统中的应用程序来说，即使设计者没有在交互和视觉层面做出优化，其用户体验同样得到了提升。

我们可以将用户对于产品的心理反馈理解为用户对于产品的满意度。而满意度其实是一个特别虚无缥缈的东西，“一千个人眼里有一千个哈姆雷特”。对于同一个事物，不同的人有不同的看法，因为所处的位置不一样，观看的角度也不一样。所以，经常会有人觉得用户体验是一门玄学，因为它无法被量化。我平时很喜欢分析一些产品，因为自己不是这些产品的开发人员，也没有准确的数据，所以，很多时候我的分析会很主观。很多分析都是错的，但是独立思考的习惯和态度应该是一个合格设计师所具备的基本素养，或许有的时候思考到最后也无法得出一个令自己满意的答案，但是这个思考的过程对我们来说比得到“那个答案”可能更加重要。在不断犯错，不断否定之前的自己的过程中完成进步。

1.1.3 用户体验的评价模型

要优化产品的用户体验，首先我们得知道什么是好的用户体验，什么是差的用户体验。这就要求我们必须建立一套合理的用户体验评价模型。

当我们评价一个事物的时候，首先要分清楚这是属于**价值判断**还是属于**事实判断**。在我看来，对于互联网产品（以下简称“产品”）和电影的评价，属于典型的价值判断：只有喜欢 / 不喜欢，没有一定要怎么样。我说我喜欢周星驰拍的电影，你非说看喜剧电影没有品位，应该看王家卫拍的电影。**价值判断就像评价“王家卫和周星驰谁拍的电影更好”一样，是没有正确答案的。**

我们可以通过活跃用户数、人均打开次数、使用时长等指标来评价一款产品在商业上的表现，但是，评价一款产品的用户体验不能仅仅看这些指标。很多“国民级”的产品，即使拥有数以亿计的用户量，我们也不能说这款产品的用户体验就做得很好，例如改版前的 12306 APP。和电影一样，**没有任何一套公式或者模型可以真正做到能精准无误地用量化的方法去评估产品的用户体验水平。**

我曾经看过一家公司 UED 部门出过的一套用户体验指标度量体系。我看了一下，该体系共有 21 项评价指标，对产品经理或设计师来说可操作性不是很大。因为该体系的记忆成本太高，我们在做产品设计的时候，不可能时时刻刻记住这 21 项评价指标。所以，产品用户体验的评价模型或者优化原则必须要力求精简。

用户体验评价模型有很多，每个模型都有自己的细分指标。我总结出有六大用户体验要素：**有用性、可见性、易感知、易用性、容错性和一致性**，如图 1–4 所示，本书的内容主要就是围绕这六个要素来展开的。

用户体验评价模型

有用性　可见性　易感知　易用性　容错性　一致性

图 1-4　用户体验评价模型

当然，需要申明的是，这些并不是我原创的，而是我根据行业里各位前辈们的理论总结出来的。构建这个评价模型，最难的部分就是定义。用户体验本身是一个非常庞大的体系，如果不对其进行分类梳理就想理解和学习，就会让你无从下手。但是，用户体验的各个要素又是相互关联的，很难划分明确的边界。所以，各个要素在边界划分的时候难免有相互重叠的地方，希望读者可以将其连接起来。

1.2 有用性

为什么把有用性放在第一位呢？因为产品是功能的集合，功能的存在意义在于解决用户的痛点，满足用户的需求。如果我们的产品无法解决用户的痛点，那么将它做得再精细又有什么用呢？百度网盘 9.0 大改版后，用户的评论都是围绕着“下载速度”这一话题的。由此可见，对百度网盘的用户来说，他们的首要诉求是“更快的下载速度”，产品的界面做成什么样他们真的不是很关心。

如果现在你“砸”钱去开发一款手电筒应用程序，则即使界面做得非常好看，估计用户量也会少得可怜，如图 1–5 所示。因为现在很多手机都支持开启闪光灯来进行照明，所以用户为什么要额外安装你的应用程序？有用性是一款产品或者一个功能底层的特性——**满足用户的需求**。

图 1-5 电影《国产凌凌漆》里的光能手电筒

1.2.1 需求分类

根据 KANO 模型，我们可以把需求分为**基本型需求**、**期望型需求**和**魅力型需求**。为了方便理解，你可以把它们理解成基本工资、绩效工资和奖金。

基本型需求是用户认为你的产品必须要具备的功能，如果没有，则用户可能会立马卸载你的产品。如果支付宝 APP 不支持转账、付款、线下支付等功能，那么用户可能会立马放弃使用支付宝 APP。

期望型需求不属于“必需”的需求，但是用户希望你的产品可以满足这些需求。例如，支付宝中的便民服务功能。用户可以在支付宝 APP 中交水电费、买火车票、买地铁票，有的城市的用户甚至可以在其中查询社保和公积金账户信息。这类需求在产品中实现得越多，可以满足用户的使用场景也就越多，用户的满意度也就越高。

魅力型需求就像电影中的“彩蛋”一样，对用户来说是一种惊喜。我来翻译一下什么叫作惊喜。我理解的惊喜就是用户也不一定能想到的需求，其隐藏在期望型需求下面，需要我们自己去挖掘。下面我通过购买火车票这个场景来具体说明一下这三种需求之间的关系。

对 12306 APP 来说，购买火车票是基本型需求，而对支付宝 APP 和京东金融 APP 来说，则属于期望型需求。在节假日期间，火车票非常难买，此时你在上海工作，要购买火车票回南京过年。可是到南京的直达车的票非常难买，你只能退而求其次，购买到常州或者苏州的票，上车后再补票。这就是产生了一个魅力型需求——**给用户展示途经站点**。当然，需求的定位是会随着时间而改变的，就像在以前冰箱、彩电和洗衣机属于期望型需求，但现在是基本型需求了。

京东金融 APP 的解决方案是通过一个弹框来展示该次列车途经的所有站点，看起来问题得到了完美的解决。但是，用户要求展示途经站点的根本诉求是上车后再补票，如果不提供每个站点的余票数量，则用户还要挨个查看每个站点的余票，非常不方便。而支付宝（飞猪）APP 就更加人性化一点，直接提供上车后再补票的功能，过滤无余票的站点，并且用户可以直接点击购买，如图 1-6 所示。

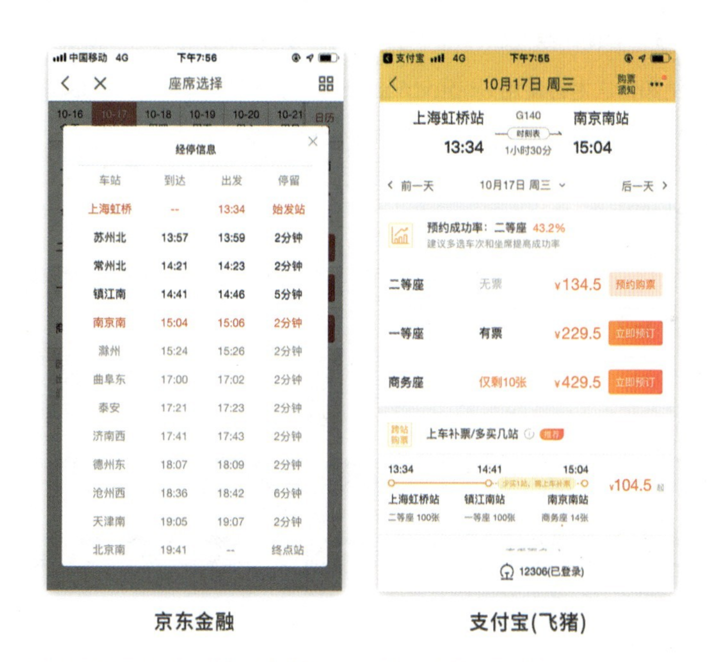

图 1-6　支付宝（飞猪）APP 的上车补票功能可以过滤无余票的站点

从上面这个例子可以发现，要提升产品的用户体验，就要学习挖掘与分析用户的需求。因为在很多时候，用户无法准确地表达自己的诉求，特别是魅力型需求。在 150 年前，如果你问一个用户想要什么样的交通工具，那么他可能会告诉你想要一匹跑得特别快的马。“特别快的马”的本质就是对速度的追求，如果我们不提炼出这个核心需求，每个人都去马场配种，那么汽车永远无法被发明出来。

1.2.2 用户体验地图

很多设计师容易犯的错误是无法解决用户全面的痛点，经常会遗漏一些用户需求。为了系统地梳理用户在产品使用过程中的痛点，我们可以绘制用户体验地图。

1. 什么是用户体验地图

用户体验地图可以可视化地展示用户使用产品或接受服务的体验情况，以此来发现用户在使用过程中的问题点和满意点。

用户体验地图一般是产品经理或用户研究团队负责绘制的，我之前给一些产品经理们推广过用户体验地图，但是收到最多的反馈就是不会画。因为很多产品经理并不是设计出身，不会使用 Photoshop、Sketch 等软件。但是不会使用绘图软件就等于不会制作用户体验地图吗？很多人存在一个误区：把工具等同于技能。例如，认为会使用 Photoshop 就等于会设计。这一点我们应该深有体会，经常会有朋友找你帮忙“P”一个 LOGO，而不是“设计一个 LOGO”。

2. 怎么画用户体验地图

一个合格的用户体验地图由以下几个模块组成：用户画像、用户目标（需求）、操作阶段、动作、痛点、情绪和优化点，如图 1-7 所示。

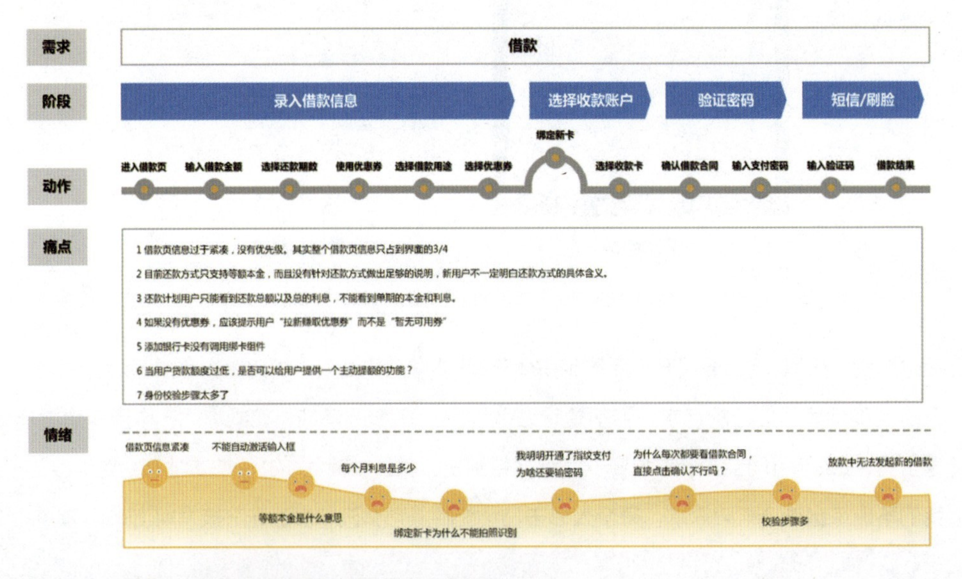

图 1-7 绘制用户体验地图的过程就是对产品进行拆解的过程

用户画像：不同产品的目标用户群是不一样的，所以在给产品做用户体验地图前必须明确产品的用户画像；

用户目标：用户是抱着什么目标去使用你的产品的？例如对一个金融产品来说，用户想要通过它进行存款、理财、贷款；

操作阶段：用户要实现这个目标要经历哪些阶段？例如，用户要借款，必须要经历录入借款金额－选择收款账户－验证密码－短信 / 刷脸验证这些阶段；

动作：在每一个阶段用户又需要哪些具体的操作行为；

痛点：痛点是用户体验地图最有价值的产出物，我们的目的就是系统地梳理出用户在操作过程中不满意的地方；

情绪：情绪曲线可以直观地展示用户在整个产品使用过程中的情绪变化；

优化点：优化点和痛点是相对应的，针对发现的痛点进行针对性的优化。

从上面的分析中，我们可以看出来，**绘制用户体验地图的过程就是对产品进行拆解的过程**。首先根据用户画像，分析用户的预期和目标，然后挑选出几个主要的目标。分析用户为了实现这个目标需要经历哪些阶段？每个阶段又对应哪些具体的操作？每个操作的具体痛点和优化点又是什么？这样一来，偌大的产品可以被拆解到动作节点的维度，方便我们进行系统的梳理和分析。

会使用 Photoshop 并不等于会设计，Photoshop 只是实现设计方案的一个工具。不会使用专业的绘图软件没有关系，我们不要拘泥于形式。用户体验地图的绘制过程就是产品的拆解过程，只要你可以系统地拆解整个产品，用 Excel 画都可以。

1.2.3 用户视角

要找到用户的痛点需要我们站在用户的视角考虑问题。例如，现在一些交通旅行类的产品可以支持用户在购买火车票的时候选择换乘服务。在换乘服务中会存在一个问题：因为现在很多城市都不止有一个火车站，如果用户对此不注意，那么极有可能造成行程延误，所以一些产品就会给用户一些提示，如图 1-8 所示。

想要做到全方位地满足用户需求，这就需要设计师在产品设计阶段把自己带入用户的角色，体验一下产品使用的全流程。

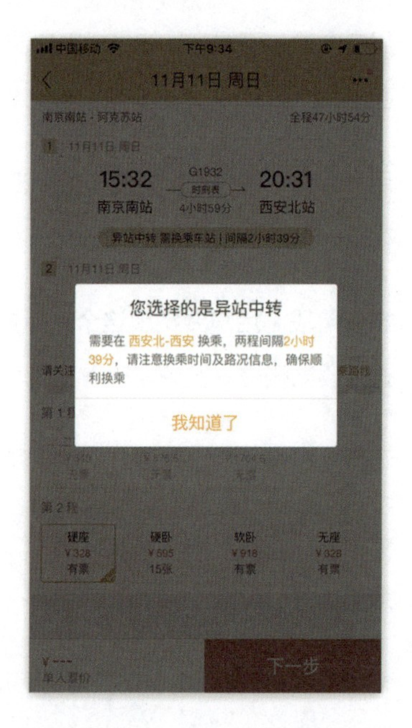

图 1-8 异站中转给用户提示以免延误

当用户进入一个产品页面时，他会对这个页面中的内容有一个心理预期，这个心理预期就是他的需求，我们要尽量满足。例如，现在很多用户都接触过小额贷款服务，此时我们要设计一个类似“我的借款”的聚合页，在这个页面中用户期望看到什么呢？从我的角度来说，我想知道自己总共借了多少钱，总共借了多少笔，总的利息大概是多少，最近一期的待还金额和日期是多少。对比图 1-9 所示的两款竞品，我们发现，左边的产品没有为用户提供近期待还款的金额和日期，而右边的产品没有提供利息总额。用户想要查看就必须进入每笔贷款的详情页，增加了查看路径，这些都属于可以优化的地方。

图 1-9 满足用户的心理预期

此外，我们还非常有必要分析需求的优先级，明确高层次的需求和低层次的需求。因为每一个需求映射到设计层面后，可能是一个 icon，也可能是一个页面。对于一些次要的需求，我们在展示上要尽量弱化。以图 1-10 为例，同样的购票界面，用户的主要需求是选座位。而更换场次属于次要需求，但它的展示形式只是一个 icon，没有打乱整个界面的布局，也没有过度分散用户的注意力。

图 1-10　次要功能在界面中不能抢风头

1.3 可见性

从操作流程的角度来说，用户要使用一个功能，首先必然要找到这个功能。如何让用户快速找到目标功能呢？我们需要建立有效的产品导航体系，明确产品的功能路径。

1.3.1 合理的信息架构

信息架构是一款产品的骨架，其本质就是分类。为什么要分类？因为产品是众多功能的集合体，如果不对其进行分类整合，那么用户很难找到自己想要的功能。

信息架构不仅仅存在于互联网产品中，投射到现实生活里，导视图就是商场的信息架构，目录就是书籍的信息架构（见图 1–11）。不管是导视图还是目录，目的都是帮助用户尽快地找到自己想要的。那么到了产品中，**信息架构的作用就是帮助用户找到期望的功能。**

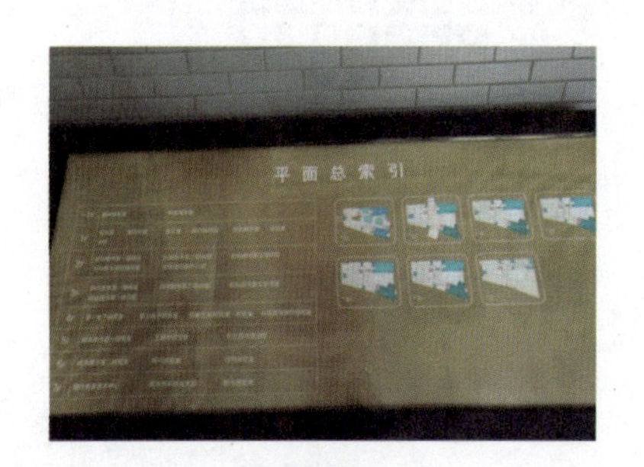

导视图

书籍目录

图 1-11 生活中的信息架构

搭建合理的信息架构要注意两点：

第一，平衡好信息架构的广度与深度。广度指的是页面的长度，深度代表页面的层级。页面越长，可以展示的功能越多，但是这也并不是好事。

埋点数据表明，页面超过一屏后，页面的曝光量会急剧下降，用户很少会查看一屏以外的内容。因此，虽然你的产品功能处于一级页面中，但是只要超过了一屏，其曝光量说不定还不如二级页面。要注意控制页面的长度，尽量保持在 1.5 屏以内，如图 1–12 所示。

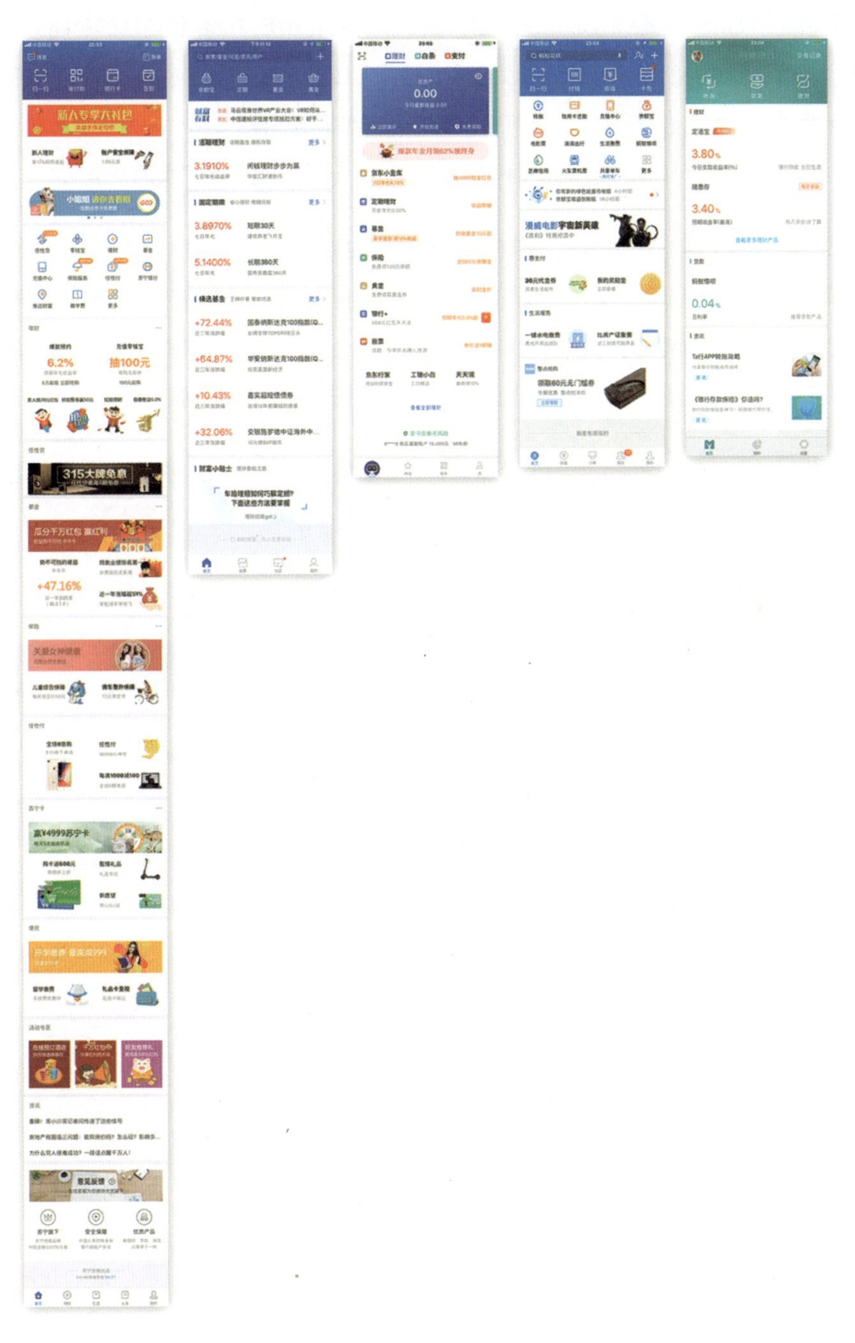

图 1-12 超过一屏的内容用户其实很少去看

当然这个问题说起来简单，可操作性非常差。因为每一个功能的业务方都希望自己的功能入口可以被放在产品的“首页”和“我的”这样的一级页面中，这就导致了一级页面非常长。我们可以考虑根据用户画像给用户进行个性化推荐，让每一个用户看到的内容都是不一样的，由“千人一面”转变到“千人千面”。这样在保证内容可以精准地触达目标用户的同时，还有效地控制了页面长度。

页面不能太长，也不能太深，层级越深，用户的查找路径也就越长。以图 1-13 所示的设置页为例，其中一些功能被放到了四级页面中。不是说不能出现四级页面，四级页面并不是原罪。只是在当前页面中还有 1/3 空间空闲着的情况下，出现功能层级过深是不合理的。埋点数据显示，一些四级页面的流量比三级页面的还要多。所以，对设置页进行信息架构的重建是非常有必要的。

在搭建信息架构时，首先应该确保页面的长度在 1 ~ 1.5 屏内，在此基础上，要注意协调功能的层级，**避免出现“宽而浅”和“窄而深”的问题。**

第二，信息架构的逻辑性经常会被我们忽略。用户并不是互联网“小白”，在使用你这款产品之前，他们可能都用过上百款 APP 了。他们在使用那些产品时所积累的经验会让其在心中建立出一个产品画像，这个产品画像就是逻辑。不符合逻辑的设置会对用户造成干扰。例如，大部分的电影院都位于商场的顶层，所以，用户的心理预期是电影院就应该在顶层，可能会下意识去顶层找电影院。如果你把电影院安排在二楼，这就是不符合逻辑。不要挑战用户的固有认知。

以图 1-13 为例，如果你是用户，打算修改账户的手势密码，那么在这个界面中，你是点击“账户安全中心”选项，还是点击“密码设置”选项？对于我来说，我会点击“密码设置”选项，因为在我的认知里，手势密码属于密码的范畴。而这个产品将手势密码放在账户安全中心里，在我看来，这样的分类是不合逻辑的，会给用户造成干扰。

图 1-13 窄而深的信息架构

1.3.2 跳转动作

如果说信息架构是地图，可以让用户清楚地了解目的地在哪里，那么跳转动作就是交通工具，带你快速地到达目的地。**跳转动作可以让用户对功能信息快速定位，减少用户的操作步骤。**

如图 1-14 所示，这里有一个报错场景，需要用户重置支付密码。如果使用左图所示的对话框样式，那么用户需要返回至“我的”页，找到设置页后再进入支付密码设置页，完成支付密码重置，整个步骤特别烦琐，而且对新用户来说，他们甚至都不知道在哪里重置支付密码。如果使用右图所示的对话框样式，给予用户直接去重置支付密码的选项，则减少了用户的操作步骤。

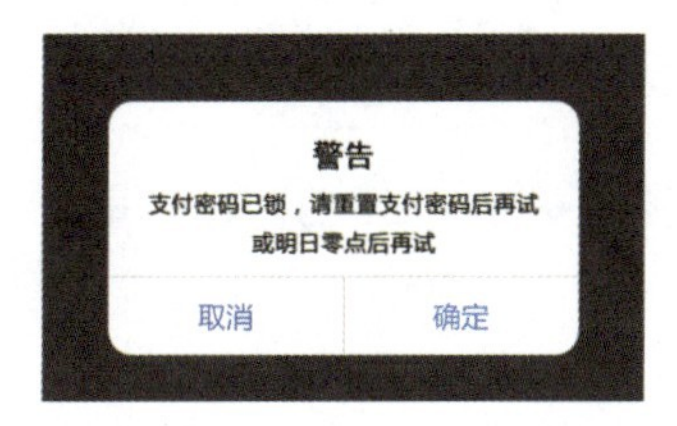

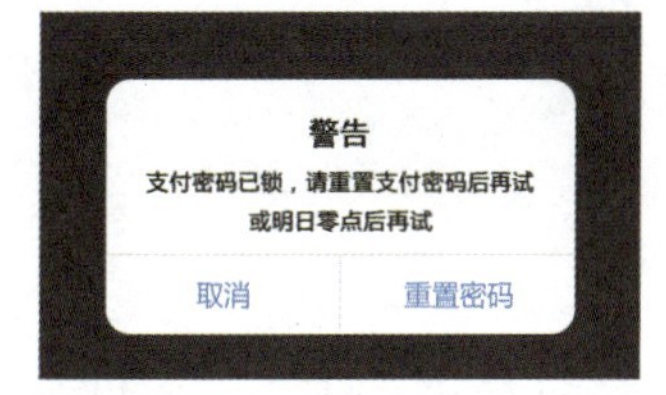

图 1-14　用户可以直接点击文字按钮去重置支付密码

图 1-15 所示的是两款竞品，具有同样的客服功能。在左图所示的产品中，如果用户想修改绑定的手机号，那么会自动回复更换绑定手机页的路径：“我的—安全设置—修改手机号”。这个做法其实对用户来说非常不友好，因为如果功能层级过深，则会使用户的记忆成本很高。如果这里直接提供跳转超链接，如右图所示，让用户可以直接跳转到目标页，就会方便很多。

1.3.3 快捷入口

对于一些热门的功能，可以考虑为给其提供一个快捷入口，就像“任意门”一样，缩短用户的操作路径。我们最熟悉的快捷入口有 Shortcut 或者 3D Touch 等，如图 1-16 所示。

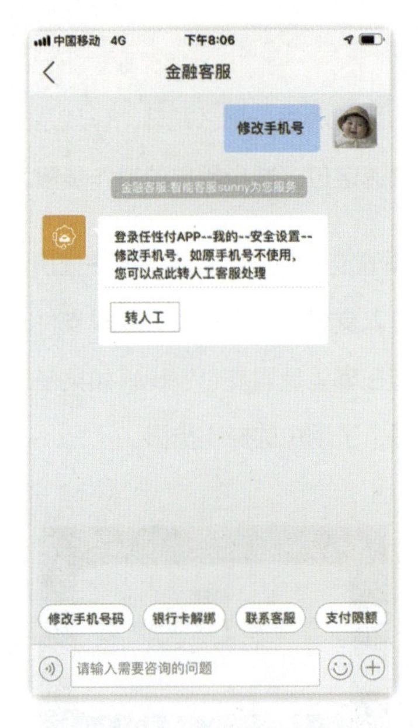

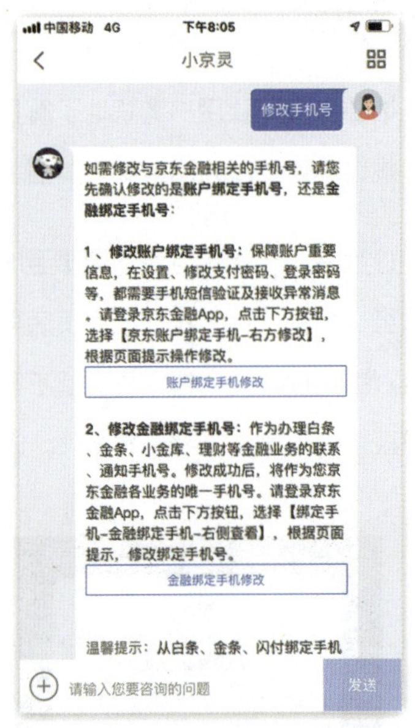

图 1-15 提供跳转超链接，减少操作步骤

分享“淘票票”
扫描二维码
搜索影片
我的电影票

3D Touch

图 1-16 提供快捷入口

具体到产品内部，快捷入口在展示形式上可以被分为两类：**浮动类入口和固定类入口**。浮动类入口顾名思义就是浮在界面上的入口，例如虎扑 APP 中的“发帖”功能和链家 APP 中的“地图找房”功能都采用了浮动按钮样式，如图 1–17 所示。

图 1-17　浮动按钮

浮动类入口的优点在于可以很好地吸引用户的注意力，缺点在于会对界面中的内容造成遮挡，有的时候遮挡到重要的区域会极大地伤害产品的用户体验。例如，如图 1–18 所示，这里的网络故障提示直接把返回按钮给遮挡了，用户要离开这个界面必须得停止程序进程，这非常不合理。

如图 1–19 所示，微信的浮窗可以随意更改位置，避免遮挡重要内容，这是一个很好的处理方法。

固定类入口一般被融入界面中。**为了不破坏当前页面的布局，其一般会出现在页面的顶部栏或底部栏中**，因为页面中间一般为内容区，而内容百变，很难做到与其完美融合。

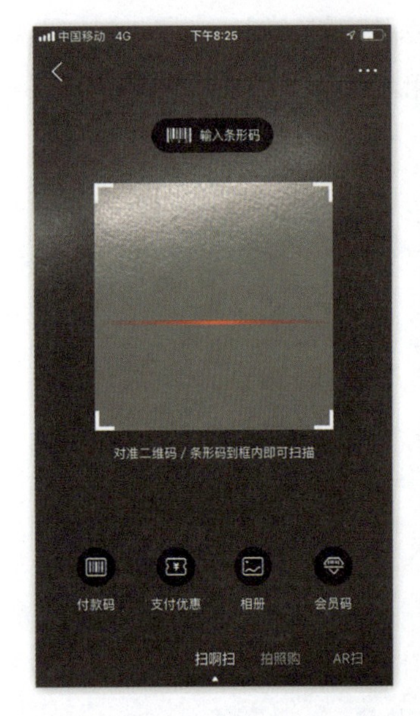

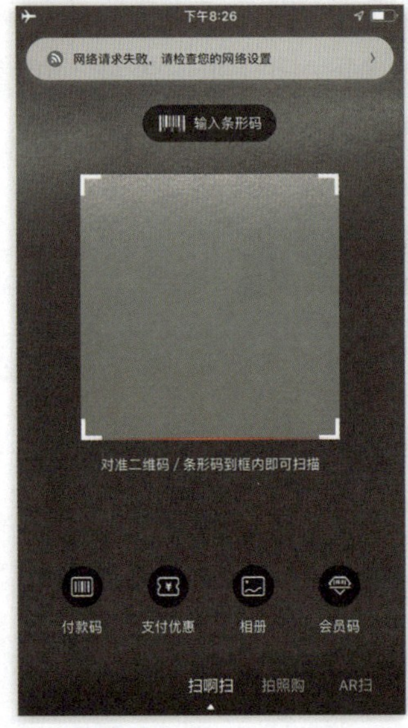

图 1-18 浮动方元素会对界面内容造成遮挡

图 1-19 用户可以自由调整浮窗的位置，避免对重要内容造成遮挡

例如，我们一般会在页面的右上角提供“帮助中心”的入口，其实用户使用“帮助中心”的频率并不是很高，但是它又不得不存在。在网易云音乐 APP 中，其大多数页面的右上角都有歌曲播放图标，用户点击可以直接进入歌曲播放界面，如图 1-20 所示。

底部栏菜单也可以作为快捷入口，但是只有一级页面中才会有底部栏菜单。用户点击进入更深层级的页面后，这个快捷入口也就消失了。当然我们也可以更加灵活一点，以蜻蜓 FMAPP 为例，在一级页面中，播放界面的入口被放在底部栏菜单中，而进入二级页面后，入口变成了浮动按钮，如图 1-21 所示。

图 1-20　顶部栏的快捷入口

底部菜单栏

浮动按钮

图 1-21 不同的层级，不同的展示样式

1.4 易感知

与传统媒介相比，互联网产品所包含的内容更多，而且更加复杂。以书籍为例，我们读书时都是一页页地翻，一句句地读。但是我们无法期望用户像读书一样来使用互联网产品。尼尔森的一项统计显示，互联网用户平均只读了每个页面文本内容的 28%。这意味着用户很少会读完大段的文字，他们更多地是“扫描”。所以，**互联网产品必须要思考如何提升用户对信息的感知效率，让用户在短时间内就可以获取到他们期望的信息或者我们希望他们感知到的信息。**

1.4.1 信息优先级

一个页面中会有很多信息，但并不是所有的信息对用户来说都是有用的。根据“二八原则”，80% 的用户平时只用到了一个产品 20% 的功能。这就要求我们要梳理信息的优先级，把重要的 20% 的信息在视觉设计上进行凸显，**让用户在快速浏览的模式下，可以看到他们感兴趣或者我们希望他们关注的内容。**如何凸显这些信息呢? 可以通过合理运用**位置**、**间距**、**配色**、**形状和阴影**等视觉要素来建立信息层级以完成区分。 我们的目的是让用户在短时间就能清楚这个页面中各个元素之间的联系。

例如，当用户打开旅行类 APP 进行旅程规划时，在“日期选择”功能中，应该对周末和国家的法定节假日进行标示。如图 1-22 所示，Skyscanner 是一个旅行类 APP，这里的日历将周六和周日与其他日子区分开，这个设计很有心，因为周末是大多数人选择旅行的时间，所以应该突出展示，让用户更容易发现。

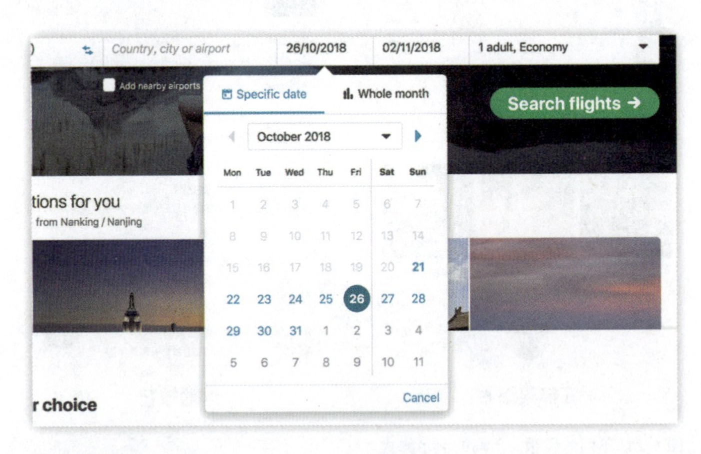

图 1-22 Skyscanner

图 1-23 所示的这个登录页比较常见，在“登录”按钮下有三个超链接，分别是：“忘记密码？”“立即注册”和“游客登录”。为了吸引新用户，我们通常希望新用户点击“立即注册”这个超链接，所以，这里使用了橙色将其凸显出来。这属于通过配色来实现对比。其实在这里除使用配色外，还可以使用大小和位置来实现对比，将“游客登录”超链接移到下方，缩小字号。这两种设计方案都可以很好地鼓励用户完成注册。

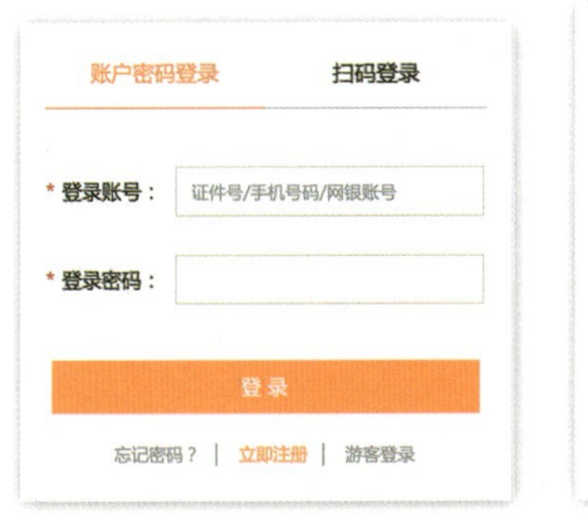

图 1-23　鼓励用户去注册

1.4.2 缩短路径

为了让用户可以更好地获取信息，我们要缩短信息的获取路径。要知道信息的层级越深，用户的获取成本就越高。例如，如图 1-24 所示，用户要查看已结清的贷款记录，在这个页面中只能看到贷款金额和贷款日期，如果想查看更多的贷款详情，就要点击进入贷款详情页。市场上很多的金融类产品都采用这样的处理机制，但是这样设计就是好的吗？首先右边的“已结清”的文字标签在这里完全是多余的，因为根据上面的 tab 栏，我们已经知道这里显示的都是已结清的贷款项。对于这种鸡肋型元素，我们完全可以去掉，这样页面中的空间就会被释放出来。我们可以更改一下布局，将贷款的“还款方式”和“用途”这两个用户比较关注的信息外露，这样用户不需要点击进入详情页就能看到这两个信息。

其实，**一款优秀的产品应该做到让页面里的每一个元素都有自己的意义，都是一个小功能，都可以向用户传递信息。**以网易云音乐 APP 为例，如果当前播放的歌曲未下载，那么“本地音乐”那一栏展示的是歌曲数目；如果当前播放的歌曲已经下载了，那么“本地音乐”那一栏展示的是小喇叭 icon。同样的位置，通过更改元素就可以向用户传递不同的信息，如图 1-25 所示。

图 1-24 让页面里的每一个元素都有意义

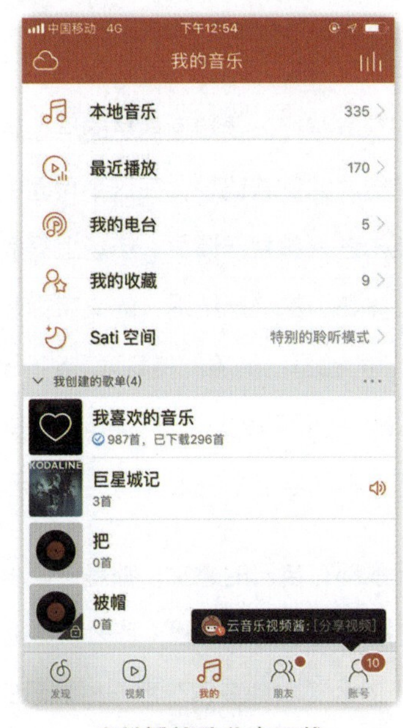

当前播放歌曲未下载

当前播放歌曲已下载

图 1-25 网易云音乐 APP

1.4.3 信息可视化

当我们设计出一个抽奖活动页时，如果别人问你这个活动是怎么玩的，你回答“下面有具体的活动规则自己看”，这样的抽奖活动页就是不合格的。因为用户是不会看活动规则的，准确地说，用户很少看文字。在用户不看文字或者很少看文字的前提下，如何通过具象元素完成信息的传达是摆在每一个设计师面前的难题。

俗话说“字不如表，表不如图”。用户对于具象元素（表格、插画、icon 和图像等）的感知能力更强，具象元素也更能传递情绪。例如，道路两旁的路标多数是以图形为主体的。这是因为在车子高速行驶的过程中，司机没有足够的时间阅读标示上的文字。

如图 1-26 所示，“场均得分 122.4 分，30.6 个助攻，46.25 个篮板……”这些数据对我们来说只是冷冰冰的数字，很难理解其背后的含义。这里使用了雷达图对球队数据进行了可视化处理，提升了信息的可读性。因为相比纯文本，用户理解图形的速度要快得多。

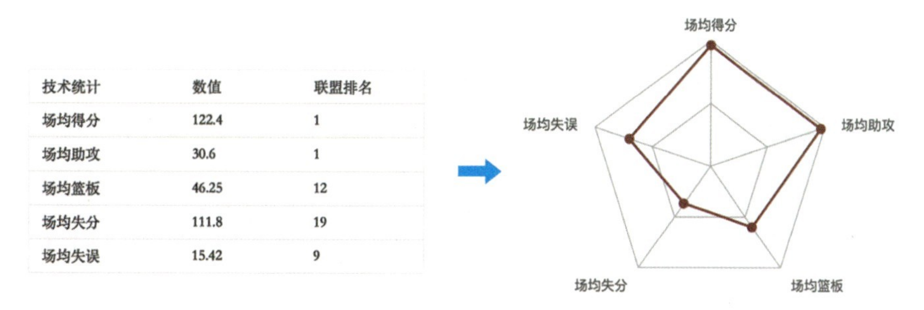

技术统计	数值	联盟排名
场均得分	122.4	1
场均助攻	30.6	1
场均篮板	46.25	12
场均失分	111.8	19
场均失误	15.42	9

图 1-26　雷达图

如图 1-27 所示，以谷歌日历 APP 为例，如果用户要做瑜伽，谷歌日历就会在日程详情页中配一个瑜伽垫的插画；如果用户要跑步，其就会配一幅跑鞋插画。用户甚至不用看文字，通过插画上所描绘的场景就可以知道自己接下来的行程。

举一个现实生活中的例子，我们发现朋友圈中“晒图”获得的点赞和评论数量要远高于分享歌曲和文章。当然造成这种现象的原因有很多，例如经常“晒图”的人要么长得好看，要么个性开朗、热衷于社交，这类人比较受欢迎。另一个原因就是信息的可读性，点赞和评论的前提是你要明白这条动态的意思，对于一张照片，我一秒钟就能明白其中的含义，而对于一首歌曲和一篇公众号文章，我需要花

3 ~ 5 分钟才能理解，有这个时间几十张照片都已看完，所以评论关于歌曲和文章的动态所需的时间成本太高。

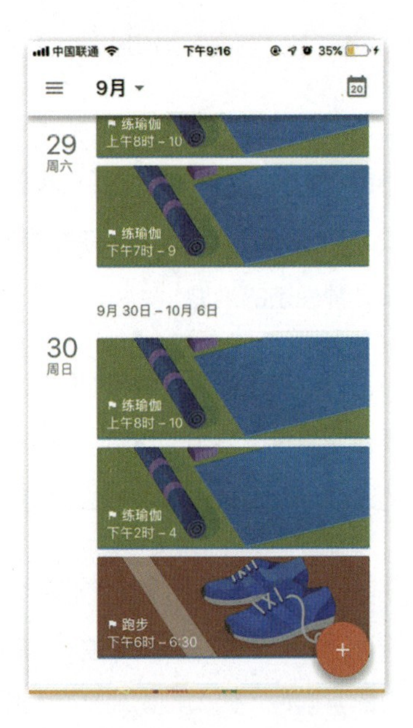

图 1-27　不同的日程配以不同的插画，帮助用户快速识别

1.4.4 化繁为简

用户所能接受的信息量是有限的，如果页面中的内容过多，用户就会望而却步。为了更利于用户消化信息，可以将一个页面中的信息拆解到几个页面中来展示，这样单个页面中的信息量就会大大减少，这就是我们常说的**“一个页面，一个任务”**原则。

例如，现在很多产品都对注册流程进行了拆解，不像之前那样由一个页面完成所有信息的输入，而是分成好几个页面来完成：在这个页面中只输入手机号，在下一个页面中只输入短信验证码，最后再让用户设置登录密码，如图 1-28 所示。

产品为了更了解用户，在用户首次登录的时候会询问一些个人信息。如果把所有的问题都放在一个页面中，用户很有可能会选择直接跳过这一步骤。一个页面只问一个问题，然后一步步地诱导用户完成个人信息的填写。

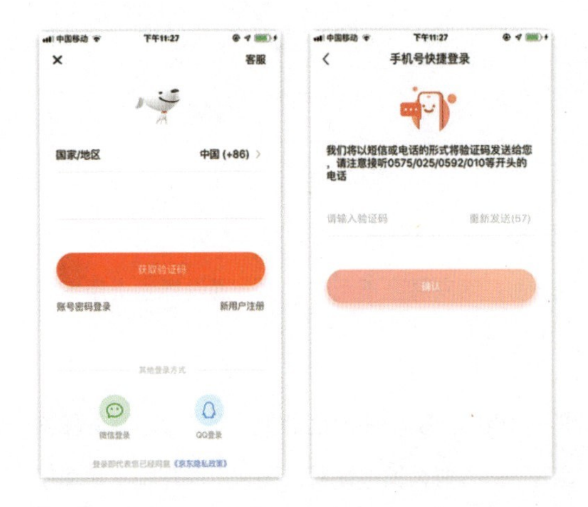

图 1-28　一个页面，一个任务

但是，任何事物都是有利有弊的，一个页面就能完成的任务现在要跳转到几个页面中，增加了用户的操作路径，可能会对转化率造成影响，而且对产品的容错性也提出挑战。以图 1-28 所示的短信快捷登录为例，如果用户没有收到短信，那么他想要确认自己有没有输错手机号，就必须返回上一个页面。所以，在设计中，并没有放之四海而皆准的原理，我们不能罔顾实际情况而机械地套用。

那么可不可以在不删减当前页面内容的前提下，让内容更容易被用户消化呢？当然可以，还是同样的原则：化繁为简。将大的模块切割成小的模块，让用户了解页面的信息结构，提升内容的可读性。就好比你看到一篇 5000 字的公众号文章，整篇文章就一个段落，更别说分成小的章节了，这样的文章看起来会很费劲。

同样，当表单项目过多时，我们要通过将其整合分组来提升内容的可读性。如图 1-29 所示，右表格将左表格中的 11 个项目分成 3 组。同样数量的内容，但用户的观感却大不相同。

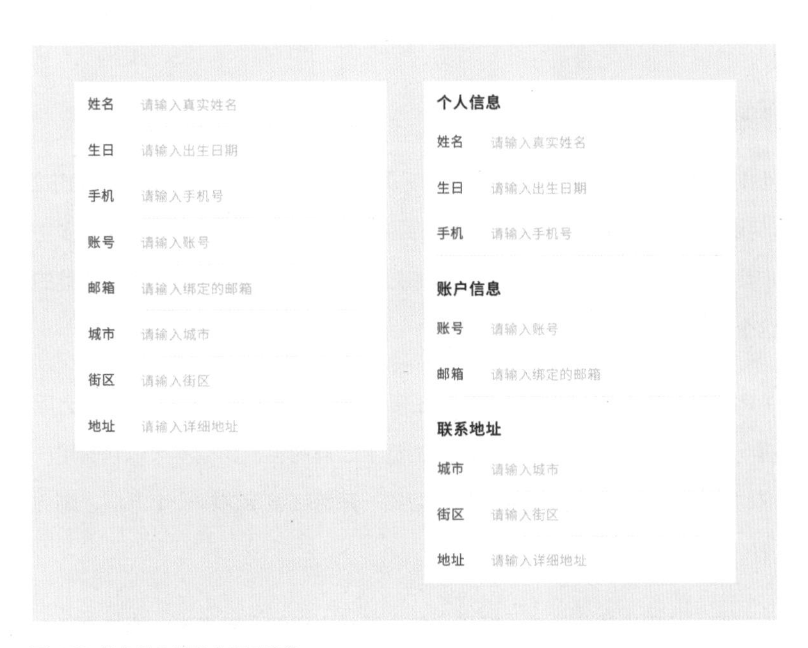

图 1-29　信息整合提升内容可读性

当然，在运用“化繁为简”原则时一定要考虑具体的场景，切勿盲目生搬硬套。有的教程会比较长，而且上下文关联性强，如果分页展示就会让用户难以理解。比如你看到一个教程，其中第 5 页会用到第 4 页里的知识，这时候如果要跳转到第 4 页中去看就会显得很麻烦。

“化繁为简”原则不一定仅存在于交互和视觉设计上，还与产品的运营策略有关。支付宝和京东金融都有各自的会员等级体系，支付宝的蚂蚁会员等级是根据蚂蚁积分来判定的；京东金融的会员等级是通过会员成长值来判定的。但是支付宝中的用户可以直接将蚂蚁积分兑换成商品和权益，京东金融的用户则只能使用金币兑换。而金币和会员成长值的获取方式类似，也就是说，用户在支付宝中做任务获得的积分既可以提升等级也可以直接使用；而在京东金融中做任务只能二选一，因为它们是两套完全不同的体系，这样的设置会增加用户的认知和操作成本，如图 1-30 所示。

支付宝

京东金融

图 1-30 支付宝 APP 和京东 APP 的会员体系

1.4.5 隐藏机制

身为设计师，可能都会有这样的苦恼：我也想控制页面的内容量啊，但是页面里的东西就是那么多，我也没法删啊。我们不一定非要删内容，也可以隐藏内容。因为虽然页面中有那么多功能，但并不是每一个功能用户都是全程需要的。**如果我们可以感知到某个场景下用户对于特定功能的诉求很低，就可以考虑隐藏这个功能。**

例如，在知乎 APP 中，用户进行搜索操作时，在搜索结果里浏览了大概 3 屏内容之后会在底部弹出一个“向知友提问”的浮框。这是因为一旦用户浏览了 3 屏内容，大概就可以判断用户对当前的搜索结果不满意，这时引导用户去提问是很合适的。如果一开始就展示这样一个浮框，则会减少用户的阅读区域，如图 1-31 所示。

这个例子也告诉我们，**从用户的行为去判断用户的心理状态可能会带来不一样的收获。**在网易云音乐 APP 中，如果用户点赞一首歌，就会出现一个小动画来引导用户去分享。因为一旦用户点赞了，就说明用户喜欢这首歌，系统就会抓住这个契机来引导用户，此时用户的分享意愿会更高，如图 1-32 所示。

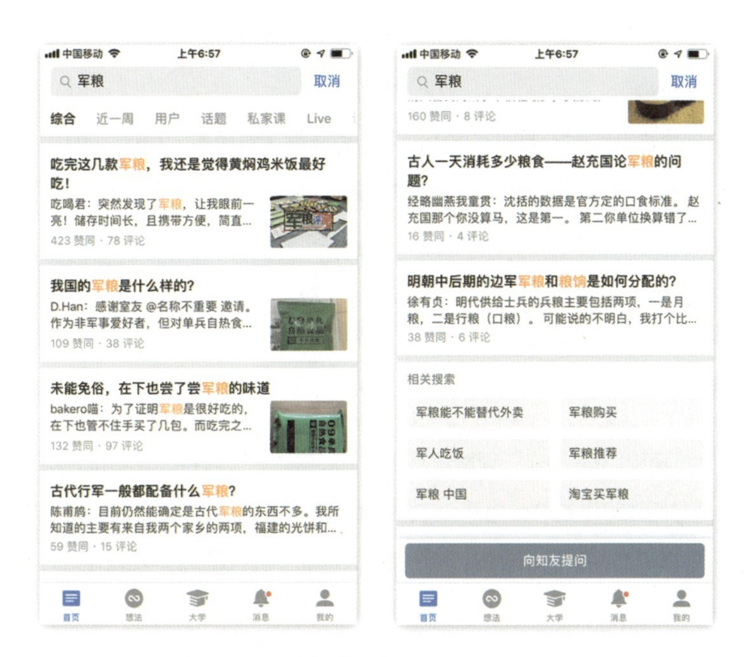

图 1-31 滑动 3 屏会出现“向知友提问”浮板

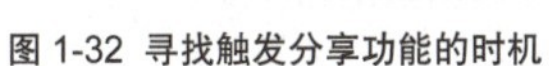
图 1-32 寻找触发分享功能的时机

1.5 易用性

怎么让你的产品更加容易操作呢？要回答这个问题，首先得了解操作流程这个概念。**操作流程指的是用户为了达到某个目标所需要经历的操作和场景转换。**举一个生活中的例子，小时候我爸带我去电信营业厅交电话费。当时交电话费的操作流程为：从家骑自行车去电信营业厅—排队—查询话费—交钱—骑车回家。所需要经历的场景转换是：家—营业厅—家，如图 1-33 所示。

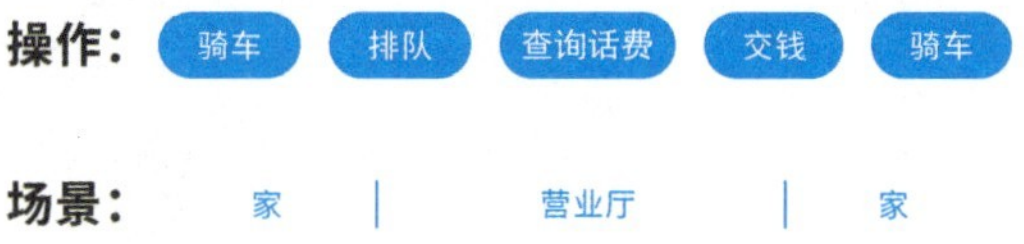

图 1-33 交电话费流程

而在产品设计中，我们可以将“操作”理解成交互方式，将“场景转换”理解成经历的页面数。所以，优化操作流程、提升易用性可以被划分为两个方向：**优化交互方式，减少不必要的场景转换（页面）**。“易操作”原则会极大地影响产品的用户体验，我对我们公司的用户反馈的问题进行了分类后，发现超过 30% 的用户反馈都可以被归纳为“易操作”原则，可见用户对易用性是非常看重的。

1.5.1 减少操作步骤

对于交互方式的优化，我们可以从两个方面来入手：**减少操作步骤和降低交互成本。**

让用户在更少的操作步骤下完成操作，其实就是提升信息的录入和反馈效率。一些新技术的应用可以帮助我们实现这个目的。

例如，现在在产品中绑定银行卡的时候，一些产品引入了 OCR 技术，即拍照即可直接识别卡号，这样用户就不需要手动输入卡号，如图 1-34 所示。这样可以减少用户的点击次数，而且还降低了用户手动输入错误的概率。此外，还有一些指纹支付、刷脸登录这样的生物识别功能，这些新技术的应用可以极大地提升用户的交互效率。所以，产品和交互设计师对新技术的持续关注是非常有必要的。

当然，这并不意味着我们需要埋头于追求新技术。很多时候只要利用好现有的技术，同样可以优化产品体验。例如，如图 1-35 所示，在性别录入的时候，设计师使用的是下拉列表，但是我觉得使用单选框会更加合适，因为总共就两个选项。使用下拉列表，用户需要用拇指在输入项和底部栏中来回地切换，而选择单选框，则可以减少用户的点击次数，降低了操作难度。

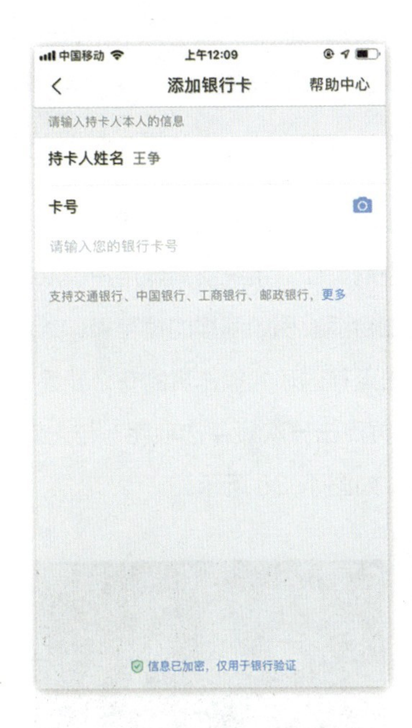

图 1-34 OCR 技术的应用减少用户操作步骤

图 1-35 性别录入选择下拉列表是否合适？

从上面这个例子我们可以发现，有些组件在功能上有重叠的部分。一旦一个功能可以由多个组件来完成，那么我们必须要找出最优方案。所以，交互设计师和产品经理的一个基本功就是明确每个组件的最适用场景，并在原型图中予以明确。具体每个组件的使用方法，会在第 5 章中详细说明。

评估每个操作的重要程度和风险性也可以减少操作步骤。为什么这么说？因为有些操作步骤的冗余是故意防止用户误操作。例如对一些风险较大或不可逆的操作，系统都需要用户二次确认。但是对于一些风险性不是很高的操作，大胆地减少操作步骤更加合适。例如同样的缓存操作，A 站用户需要选择好视频，最后点击“离线”选项开始缓存。这个点击缓存选项的操作真的有必要吗？在选择视频的时候，系统就已经知道你要下载的视频，为什么还要再点击一次缓存选项呢？与之对应的 B 站的用户只需要点击一下视频就开始缓存，减少了一步操作，如图 1-36 所示。

图 1-36 缓存视频操作

这个例子可能会有人存在异议，A 站的处理方式对用户误操作更加友好。但是误操作毕竟相对来说是小概率事件，我们不能因噎废食，而且误下载视频并不会带来多么严重的后果。

1.5.2 降低交互成本

以上内容的重点是减少操作步骤，接下来主要说一说**降低交互成本**。这里的交互成本可以被理解为单次动作的成本，同样的一个点击动作，如何减少成本呢？交互成本主要有两方面：**移动距离和落点范围**。

由动作 A 到动作 B，虽然操作次数还是一次，但是拇指的移动范围应该被纳入成本的考量中。下面看一个案例，如图 1-37 所示，以前当用户想删微信中的好友时，微信会从底部弹出一个对话框让用户确认一下。但是新版微信的“确认删除”操作直接在消息栏中展示了。其实改版前后用户的点击次数都是一样的，但是新版微信的反馈具有更强的指向性，用户的目光（注意力）不会发生转移，拇指的移动范围也更小。

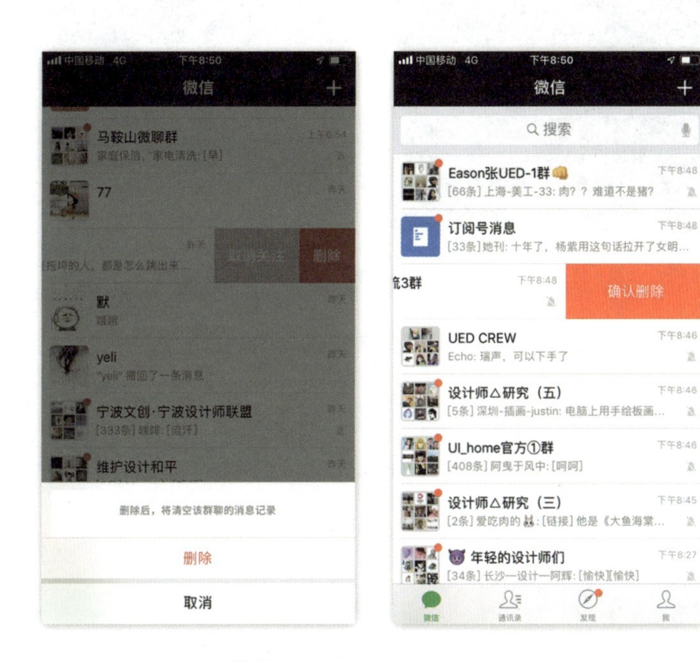

图 1-37 哪个“确认删除”样式更好？

在第 2.4 节中着重分析了点击和滑动这两种手势。其中滑动的一大优势在于更模糊的落点，点击动作要生效，则拇指必须落在对应的范围内，而滑动手势更多的是全屏操作。**更模糊的落点范围，意味着用户需要更少的“瞄准”时间**，如图 1-38 所示。

图 1-38 滑动手势在产品设计中应用的越来越广泛

上面提到了用户的目光，这里介绍一下人类眼球对于视觉信息的处理过程：

（1）基本信息提取，处理多个视角特征；

（2）根据目的需要，筛选关注信息；

（3）保存关键目标，联想相关特征。

其中第一阶段中的**基本信息**涵盖了形状、颜色、位置、轮廓等。每次用户收到一个反馈，进入一个新的页面时，都要重新去获取这些信息。为了提升用户对视觉信息的处理效率，我们可以提供相同的形状、颜色、位置、轮廓等。如果在同一个产品中不同的页面样式存在差异，例如在这个页面中标题是居中的，在另一个页面中是居左的；这个按钮是有圆角的，另一个却没有。这些不一致的元素对用户来说是陌生的，需要花时间去熟悉，这样会影响处理其他信息。 就好比我们要换工作，发现新公司里有之前熟悉的老友，那么自己会更快地适应新环境。这就是一致性原则可以减少用户的学习 / 操作成本的原因。例如前面介绍的微信的例子，旧版本微信底部对话框的反馈样式，需要用户重新识别位置和形状，而新版微信的反馈样式则不会出现这种情况，更加易用。

1.5.3 减少场景转换

同样一个实名认证流程，你的产品需要 4 个页面才可以完成，而你的竞品只需要 3 个页面。更少的页面意味着更加精简的操作流程，对产品的易用性来说是一个巨大的提升。那么，如何才能减少不必要的场景转换呢?

如何判断哪些是不必要的场景转换呢？我们可以尝试把它删除，看看会不会对当前的操作流程造成影响。例如，用户在酷狗音乐 APP 里打算下载一首歌，这时会出现一个弹框通知用户下载这首歌需要开通会员或者直接购买单曲。而在 QQ 音乐和网易云音乐 APP 中，用户直接可以进入会员开通页，会员开通页里包含了购买单曲的选项，如图 1-39 所示。仅从减少场景转换的角度来说，我们可以考虑删除弹框，当然这里弹框的使用可能是为了更好地引导用户去开通会员。

图 1-39 引导用户去开通会员的对话框是否有存在的必要?

在产品中，“不必要的场景”的集合非空页面莫属。为什么？就是因为它“空”啊。“空”意味着没有，**空页面相对于常态页面来说，没有向用户展示足够重要的信息和内容。**

举一个例子，“咕咚”是一款我常用的运动类 APP。其在“我的”页中有一个功能是“训练计划”(见

图 1-40 左图），如果用户当前没有训练计划，那么点击它就会进入一个空页面（见图 1-40 中图），用户点击“查看”按钮可以查看全部的训练课程，自行添加自己想要的课程（见图 1-40 右图）。我之前一直觉得这种处理方式没有什么不妥，直到我看到了英语流利说 APP。在英语流利说 APP 中，有一个类似的场景，但是处理方式却完全不一样，如图 1-41 所示。

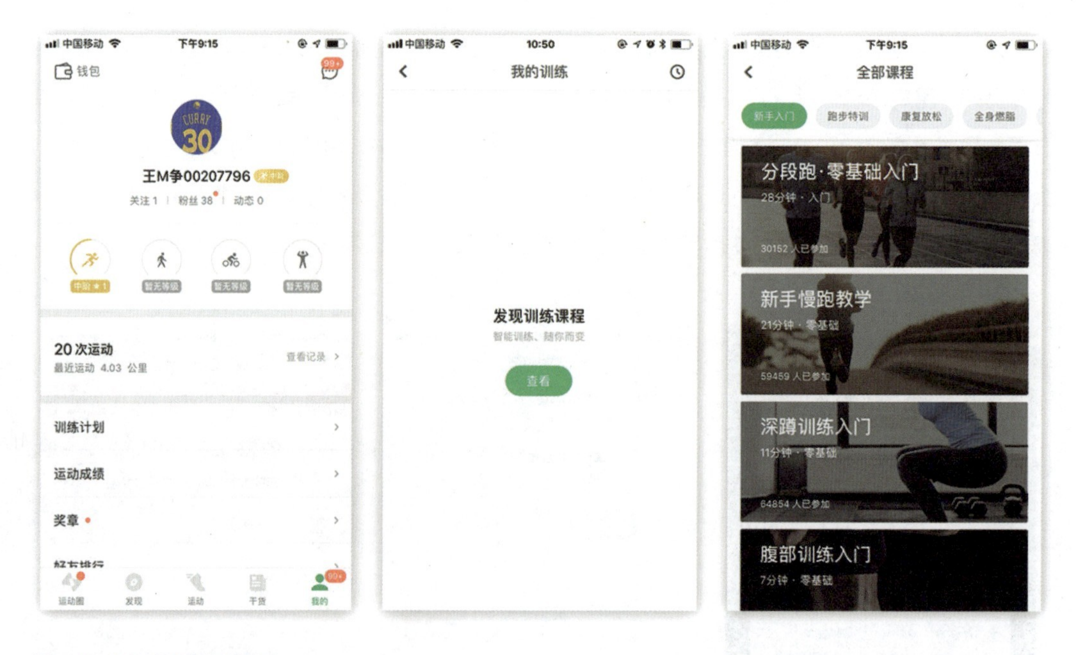

图 1-40 咕咚 APP 中的空页面

如果用户没有添加课程，那么课程入口就会直接显示一个“添加课程”按钮。英语流利说 APP 删除了空页面，我非常赞同这种做法。因为如果只是想告知用户当前没有添加过课程，那么为什么非要通过一整个页面来传达这个信息？这样未免太过奢侈了。一般的空页面由“空状态”和“去添加”组成。“空状态”告诉用户当前没有进行任何操作，“去添加”告诉用户操作路径。“空状态”是非必需的，因为用户看到了“去添加”按钮也能感知到“空状态”。

按照这个思路，在咕咚 APP 中，如果用户当前没有训练计划，那么在“我的”页中可以给用户展示“发现 / 添加训练课程”的文案，用户点击后可以直接进入全部课程页。因为在空页面中，无论那个“去添加”按钮做得多好看，它的转化率也不可能达到 100%。所以，适当地删减空页面场景，不仅可以减少用户操作步骤，还可以提升转化率，如图 1-42 所示。

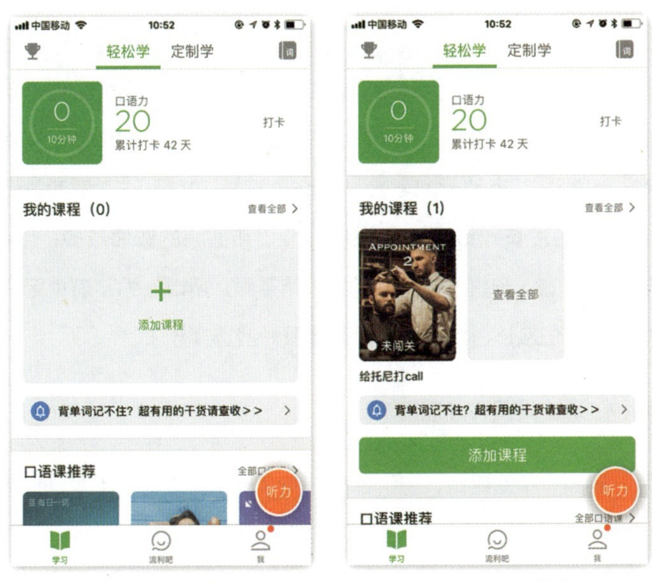

图 1-41　英语流利说 APP

图 1-42　引导没有训练计划的用户去直接添加课程

1.5.4 合理的限制

合理的限制可以提升产品的用户体验。为什么我们要限制？因为多，我们才要限制。多会带来哪些坏处呢？内容多，用户处理不过来；选项多，用户会挑花眼；时间多，优惠券没有有效期限制，用户懒得用。在设计圈中有一句俗语：Don't make me think（不要让我想）。其实我更倾向于把 think（想）改成 choose（选择），因为没有 choose 哪来的 think。所面临的选项越多，用户就越难做出决策。这就好比很多条件非常优秀的人一直是单身，因为挑花了眼。所以，为了避免用户在使用产品过程中陷入“挑花眼”的境地，我们应该考虑去弱化甚至隐藏一些选择场景。

选择场景可以分为两种：**殊途同归和分道扬镳**。

殊途同归：从 A 出发，遇到一个岔路口，告诉你现在有 3 条路可以选，不管选择哪条都会到达 B（见图 1-43 左图）。

分道扬镳：从 A 出发，遇到一个岔路口，告诉你现在有 3 条路可以选，选择不同的路会到达不同的目的地 B、C、D（见图 1-43 右图）。

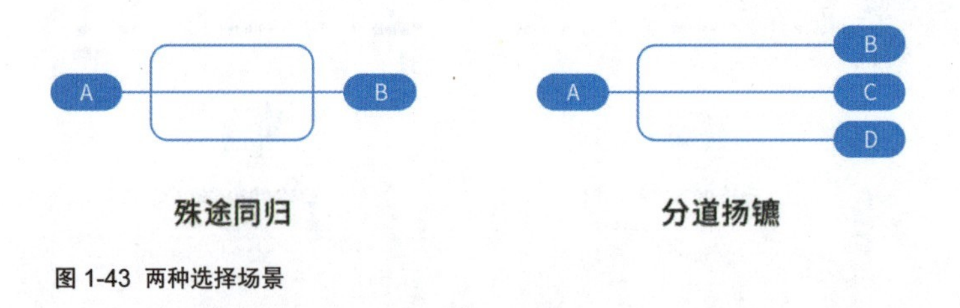

图 1-43 两种选择场景

对殊途同归的场景来说，既然无论选择哪条路都能到达同样的目的地，那么说明这个选择场景不是必需的，可以考虑将其隐藏。怎么隐藏？可以提供一个默认路径（状态）。

以实名认证为例，常见的实名认证方法可以是输入姓名及身份证号、上传身份证的正反面照片或者人脸识别。一般的流程是：用户点击实名认证按钮，进入下一个页面，在这个页面中让用户选择验证方式。其实我们可以考虑直接给用户一个默认的认证方式，例如，埋点数据表明，超过 90% 的用户都选择上传身份证正反面照片这个方式，那么我们可以让用户不用选择，直接进入上传身份证正反面照片的页面。为了防止用户对默认的认证方式不满意，再提供一个选择其他认证方式的超链接，这样的设置对于没有进行二次选择的用户来说等于减少了一个步骤，如图 1-44 所示。

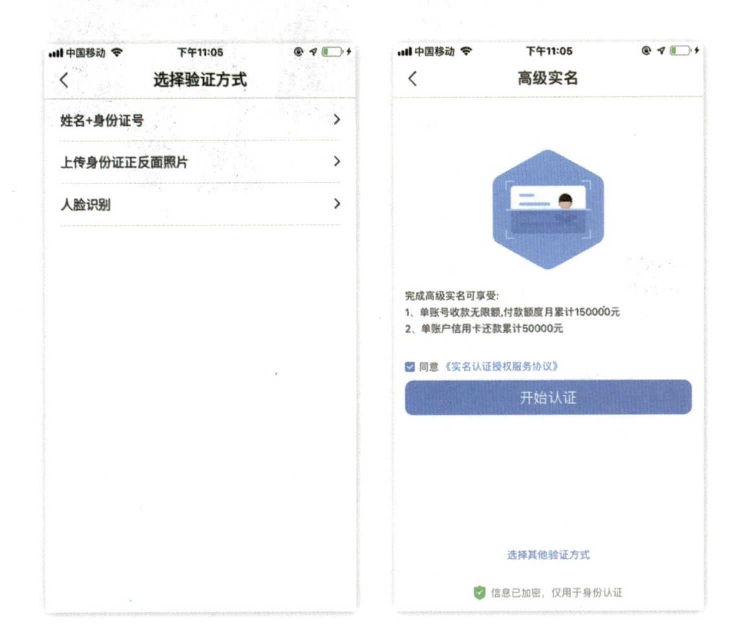

图 1-44　提供默认值，避免不必要的选择场景

其实从上面的例子中我们可以看出，所谓限制用户的选择场景，不是不让用户选择，而是选择后置。不要让用户过早地做出选择，过早地做出选择会有哪些坏处呢？还是以前面的下载歌曲为例，酷狗音乐 APP 就属于让用户过早地做出选择。后续用户进入的开通会员页和单曲购买页是两个独立的页面，如图 1-45 所示，用户无法获知另一个页面里的内容，这就造成了信息的不对称性。而做出正确的决策必须要消减信息的不对称性，用户在不知道“音乐包”和“豪华 VIP”的权益和费用的情况下，如何知道选择购买单曲是否是最正确的决策？

1.5.5　定制化

“定制化”也可以减少场景转换。所谓“定制化”，就是给用户权限，让他们根据自己的实际需求调整产品的页面布局、内容模块和视觉样式等。例如，我们可以根据自己的喜好更换产品的界面主题，当然这种定制化无法减少用户的操作步骤。在支付宝 APP 中，用户可以自行添加常用的功能，这样就不需要每次都去相应的模块中找，非常方便，这样的定制化处理减少了用户的操作步骤，如图 1-46 所示。

图 1-45 酷狗音乐 APP

图 1-46 用户自定义首页功能模块

1.6 容错性

用户在使用产品的过程中，难免会犯错。一个好的产品可以降低用户犯错的概率，以及提升解决错误的效率。通俗一点说就是帮助用户避开操作过程中的“坑”，即使用户掉进“坑”里，也能让他们很快地爬出来。这就是产品设计中的容错性原则。

为了方便读者理解，我将容错性原则分为三个阶段：**引导、报错和解决。首先通过简洁、易懂的引导来帮助用户规避那些错误；当用户不得已犯错之后，会给予提示，告知用户犯错的原因及解决方案，**如图 1-47 所示。

图 1-47 容错性原则的三个阶段

1.6.1 引导

我发现很多交互设计师在设计产品的时候很容易犯一个毛病，觉得用户什么都懂，因此忽视了引导的重要性。

一提到引导，读者可能会想到引导页、弹框、浮层等。这些都是常见的引导方式，确切地说是主要针对新用户，让他们很快地了解该产品的核心功能及主要的操作方式，帮助他们更快地上手，如图 1-48 和图 1-49 所示。

但是引导功能的实现方式不仅限于此，输入框中的输入提示也是常见的引导样式。输入框是用户完成信息录入的主要途径之一，有录入才有报错，有报错才需要引导。

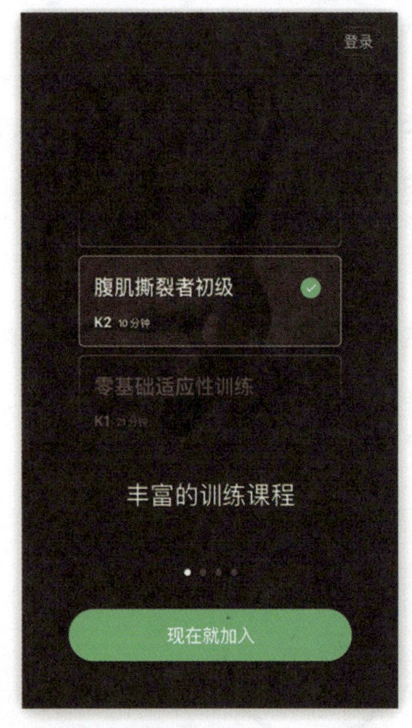

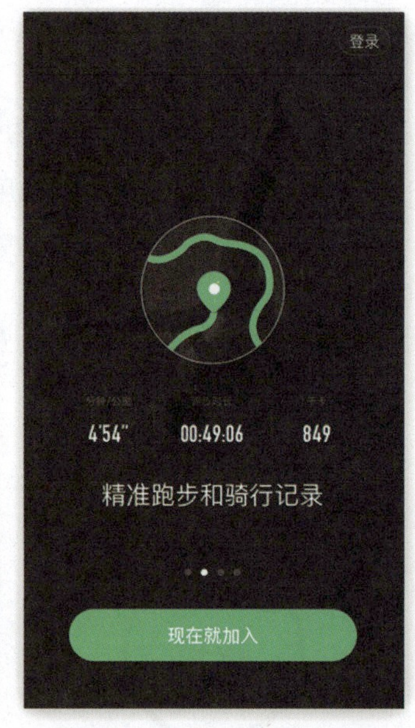

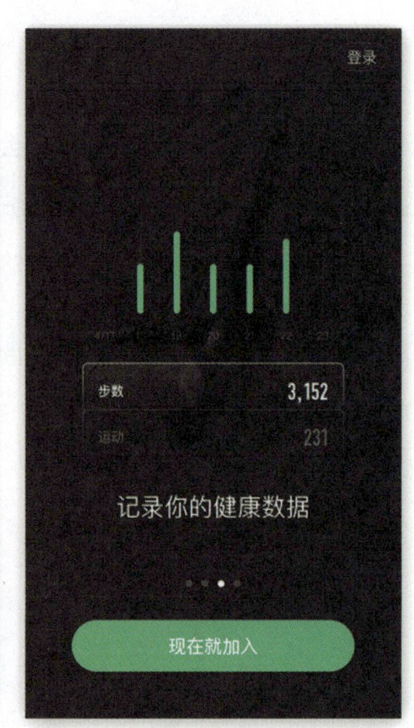

图 1-48 引导页

图 1-49 浮层引导

以日期录入为例，如果我们不给用户提供日期选择组件，那么必须要在输入框里提供日期格式。因为日期（如 2018 年 6 月 10 日）可以有多种录入格式，如果不以输入提示的方式予以明确，那么用户就不知道该怎么输入，如图 1-50 所示。

日期： “06/10/2018”

日期： “2018-06-10”

日期： “2018.06.10”

日期： “2018年6月10日”

图 1-50　需要让用户明白是以哪种格式录入日期

类似的案例还有在用户注册新账户时，当用户设置登录密码后点击“注册”按钮时却通知用户密码强度不够。因为用户的密码里没有大写字母，但是这个密码的设置规范并没有在用户录入之前告知他，所以他才会犯错。

以上说的都属于狭义上的引导，用户还停留在被动地接受引导的阶段。其实引导归根结底是为了避免用户在操作过程中犯错，而用户的操作过程又可以被看成不断做决策的过程，要想做出正确的决策，必须要消减信息的不对称性。所以，**我们可以把引导功能理解为就是消减信息的不对称性，让用户做出正确的决策。**

例如如图 1-51 所示，用户想要买水果，与其他商品不同的是，水果的保质期很短，所以，用户会很看重水果的配送时间。如果用户觉得这家店铺的菠萝价格公道，将其添加到了购物车中，等到临近付款的时候才发现原来是后天才送达，有些用户可能会取消订单，之前填写的重量、种类等操作都白费了。这其实也可以算作是“错误操作”，因为用户选择了错误的商品。

为了避免出现这种情况，配送时间这个信息必须在用户做“加入购物车”这个决策之前就展示给用户。**总而言之，会影响用户做决策的因素必须要及时反馈给用户。**

如果你确定对用户足够了解，在用户录入信息的时候就可以设置合理的默认值。因为对用户来说，填写信息永远都不是一件有趣的事情，设置合理的默认值可以节省用户的操作时间，更能避免用户犯错。

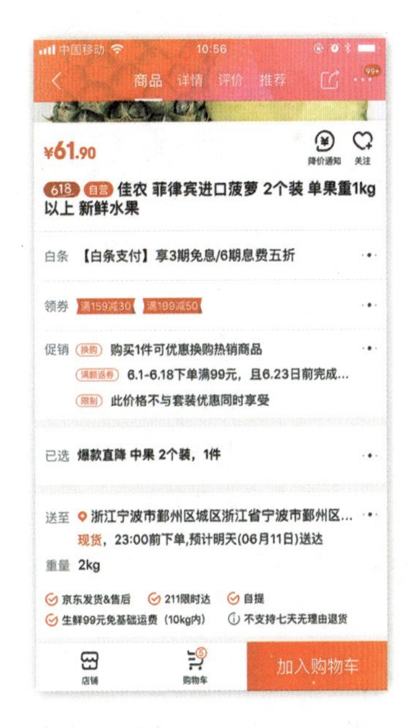

图 1-51　用户在将商品加入购物车之前已经知道预计送达时间

例如，用户在 9 月下旬打开某个 APP 要预订机票，那么出行日期可以直接默认为 10 月 1 日，返程日期可以默认为 10 月 7 日，因为这符合大部分用户的预期。当然，如果日期跟用户的实际行程不符，用户也可以手动更改，这不会增加任何额外的操作步骤。

当用户在文本框里输入时，可以设置让系统猜测可能的答案，显示可选列表，如图 1–52 所示。自动完成信息填写可以为用户节省时间、精力和记忆成本，避免犯错。

此外，还要特别注意文案的使用，因为用户对于信息的获取主要依靠的就是文案。呆板、机械的文案有的时候会让用户迷惑。如图 1–53 所示，在实名认证的阶段，需要用户补全身份证信息，而这里的“起始时间”和“结束时间”很难让用户明白是什么意思，更不知道应该怎么填。其实这里的“起始时间”和“结束时间”指的是身份证的签发时间和有效期。

1036510365@

qq.com

sina.com

163.com

gmail.com

图 1-52 提供可选列表，减少操作步骤

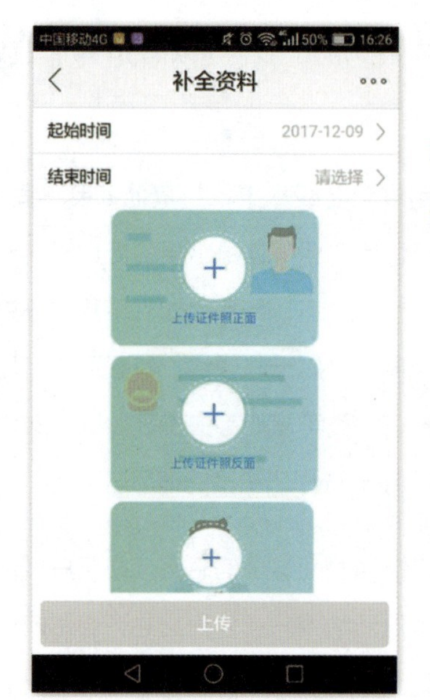

这里的“起始时间”和“结束时间”其实是身份证的签发时间和有效期

图 1-53 文案需要站在用户视角

1.6.2 报错

报错就意味着引导失效了，用户掉进“坑”里了。对于报错，下面主要从两个方面进行分析：**报错方式及报错时机。**

主要的报错方式就是使用弹框，可能我们会觉得只要了解了弹框的使用方法，就知道怎么设计报错流程了。这个说法不严谨，因为忽视了报错时机这个因素。

以图 1-54 为例，用户在注册账户的时候要录入手机号，我在这一步故意少输了一位数字，直接点击“同意协议并注册”按钮后，竟然可以进入下一个页面。当我滑动滑块验证的时候才出现一个 Toast 告诉我格式错误，如果要修改，则还要回到上一个页面，这种反馈效率无疑是非常滞后的。

图 1-54　进入下一个页面才反馈上一个页面的问题，反馈效率滞后

如果用户输入的手机号不是以 1 开头或者位数不对，那么对于这种低级错误，输入框应该立即校验出来，并且提示用户，如图 1-55 所示。至于如何提示用户，方式是多种多样的。如何选择合适的报错方式，需要从以下三个方面进行分析：**重要性**、**字数**和**指向性**。

很多设计师倾向于使用 Toast 来作为报错样式，因为 Toast 非常轻量，不会打断用户正常的操作流程。但是，如果报错信息非常重要，那么千万不要使用 Toast。例如，在用户转账的时候，发生了系统故障，为了避免重复转账，在这种场景下的报错信息必须要保证用户可以看到。而我们发现，在某些安卓手机中，用户在系统设置时可能会在无意之中把 Toast 给禁用了。其实用户的本意只是想禁用通知或者浮窗，没想到把 Toast 也给关了。所以，对于一些非常重要、必须保证用户可以看到的报错信息，最好不要使用 Toast。

图 1-55 实时校验出手机号的错误，及时反馈给用户

因为 Toast 显示一段时间就会消失，所以不利于承载过多的文字。不同的产品对字数有着不同的限制，我倾向于设置 15 个字，也就是说 Toast 最多只可以显示 15 个字。当然会有人说，Toast 的持续时间是可以控制的，可以让开发人员设置一下，让持续时间跟字数成正比。但是这里有一个问题，用户对于 Toast 已经形成了心理暗示，认为 Toast 会很快消失，所以很难静下心来阅读其中显示的大段文字。就算能安心读完，那么持续显示近 10s 的 Toast 就完全失去了其轻量化的优点，我们为什么还要使用 Toast？

不是每一个场景的报错信息都是需要通过弹框来展示的。例如，用户在用手势解锁时，当解锁失败后，如果使用弹框的样式来报错，则用户每次必须点击“确定”按钮关闭弹框才可以重新解锁，增加了操作步骤。如果直接使用文字提示，就会方便很多，如图 1-56 所示。

图 1-56　文字提示可以减少用户的操作步骤

以上举例的报错针对的都是单一对象，如果在一个表单中，用户需要输入多个项目，那么在这种情况下的报错要具有指向性，要让用户可以快速明白到底是哪一个项目在报错。

下面来看一个案例。如图 1-57 所示，如果用户的邮箱格式填写错误，那么此 APP 会通过 Toast 提示用户，并且邮箱地址选项也会被标红。如果我们只使用 Toast，那么用户还要寻找报错的项目，这里的标红使报错具有了指向性。在项目特别多的表单中，具有指向性的报错可以省去用户的查找时间。

此外，有的报错场景是通过一个页面来展示的，其实我不是很喜欢这种样式，因为专门做一个页面来传递报错信息过于浪费了。当然这只是我个人的观点，用一个页面来展示一个失败操作流程的终点也没什么不可以。

当用户碰到报错提示时，可能心情会非常郁闷和烦躁，所以，在报错的同时还要注意安抚用户。图 1-58 所示的这种报错样式我不是很认可，因为置身于报错场景中的用户本身就很烦躁了，使用大面积的红色会刺激用户的情绪。就像电脑在出现故障时，会出现蓝屏而不是红屏，因为蓝色可以帮助用户平复焦虑的心情。

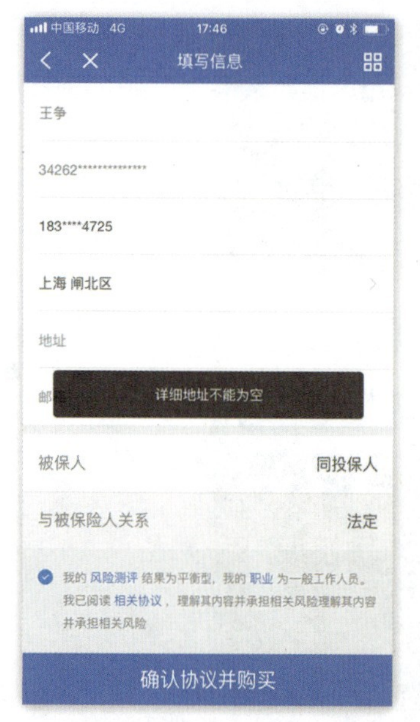

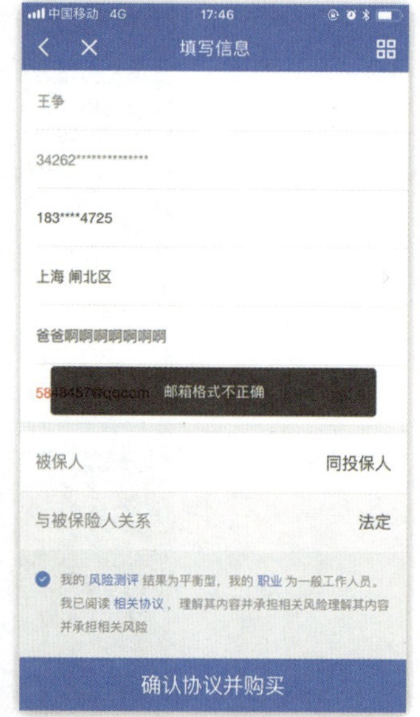

图 1-57 多行表单应该对报错项进行标识

图 1-58 界面充斥大面积的红色会刺激用户情绪

1.6.3 解决

前面介绍了报错的方式和时机，现在到了解决这一步，解决方法是撰写合适的报错文案。我梳理一些过产品中的报错文案，发现很多报错文案都只描述了报错场景，告诉用户“对不起，你掉进‘坑’里了”，没有解释为什么掉进“坑”里，怎么爬出来，以及下次如何避免再次掉进“坑”里。

如图 1–59 所示，在此 APP 中绑定银行卡要输入预留的手机号，当用户输错的时候告诉用户手机号不符，连续输错好几次之后结果通知用户尝试次数过多。既然错误次数是有限制的，那么就应该告诉用户还剩多少次机会。

此外，“尝试次数过多”是一个很笼统的提示，到底尝试几次才是“尝试次数过多”，是不是 24 小时之后用户又可以重新输入了？用户是不是可以咨询客服来解除这个冻结的状态，这些都没有提示。

所以报错文案不能只描述场景，还必须包含**报错原因及解决方案**，报错文案要简洁、干练、概括性强。

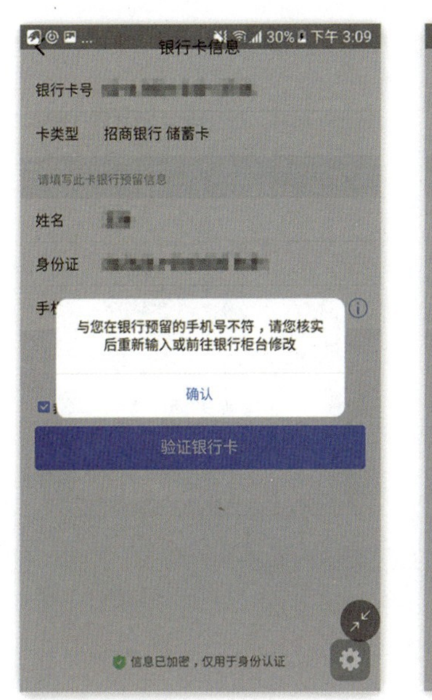

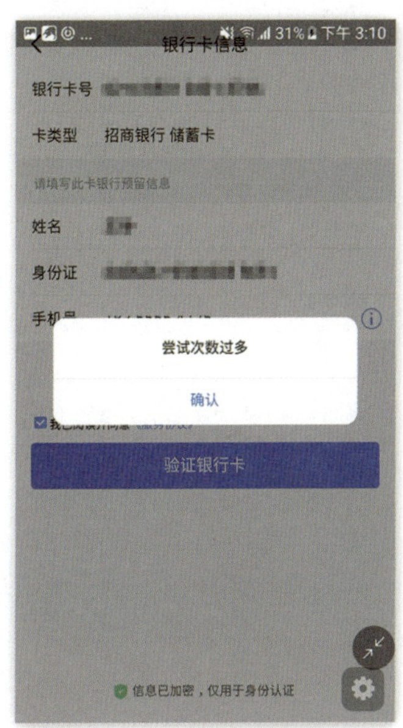

图 1-59　报错文案应该告诉用户错误原因和解决方案

例如，新浪金融 APP 中的实名认证流程可以分为三个步骤：**一是验证身份证信息；二是绑定银行卡；三是验证手机号。**其中在绑定银行卡的页面中，如果用户输入了错误的银行卡号，就会出现对话框告诉用户“实名信息不正确”，这种模棱两可的提示让我误以为是身份证号输错了，然后返回到上一页，检查后发现身份证号是对的。这时我才想起来可能是我的银行卡号输错了，但是返回来之后之前的信息又要重新录入，如图 1-60 所示。从这个例子中我们可以发现，在报错文案中如果没有明确报错原因，则容易造成用户误操作。

当然，如果可以给出具体的解决方案，报错原因其实并没有那么重要。例如，如果因为公安网维护导致从今晚 22 点到次日 8 点无法提供服务，则可以直接简化成“系统维护中，今晚 22 点至次日 8 点暂停服务”。其实用户不在乎具体是什么原因，他们在乎的是什么时候可以恢复服务。

如果解决方案需要发生跳转动作，那么为了方便用户操作，要尽量提供跳转超链接。例如，当用户输错支付密码超过次数限制，导致支付密码被锁，需要重置支付密码时，我们不能给用户一句提示就完了，因为用户可能不知道到哪里重置支付密码。为了提升产品的易用性，可以给用户提供超链接让用户直接跳转到重置支付密码页中，如图 1-61 所示。

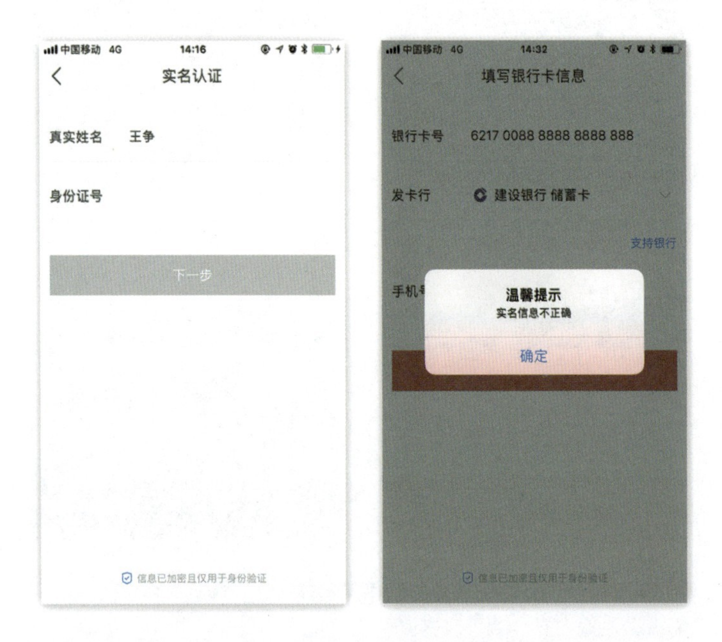

图 1-60 银行卡号输错却报错“实名信息不正确”

图 1-61 用户可以直接点击文字按钮去重置支付密码

此外，如果是系统可以帮助用户完成的操作，则尽量由系统来完成。举个例子，我们经常会看到“××失败，请重试”的报错场景，其实每次遇到这个场景时我都会很头疼。因为我不知道“重试”这个动作是在当前页面就可以完成，还是需要返回上一个页面后再进来“重试”。

又例如，在拍照识别银行卡号的时候，出现了一个 Toast 提示用户“识别失败，请重试”。这种模棱两可的报错文案让用户无法获知具体的错误原因是因为系统故障，还是因为用户刚才拍照的时候手抖了。如果是因为系统故障，那么用户可能需要退出页面重新打开手机摄像头再识别一次；如果是因为手抖，那么用户只需要保持稳定的姿势重新拍摄就行了，不需要返回上一级页面。在这里如果是因为系统故障，那么应该直接退回到上一级页面，在上一级页面中提示用户重试，而不是在当前页面提示用户重试。

另外，有些报错属于系统内部的报错，用户无法自己解决，需要客服的介入，我们应该给用户提供在线客服或者帮助中心的超链接。很多产品都选择在页面的右上角提供帮助中心的入口，入口最好统一，入口不一致会增加用户的操作成本，如图 1-62 所示。

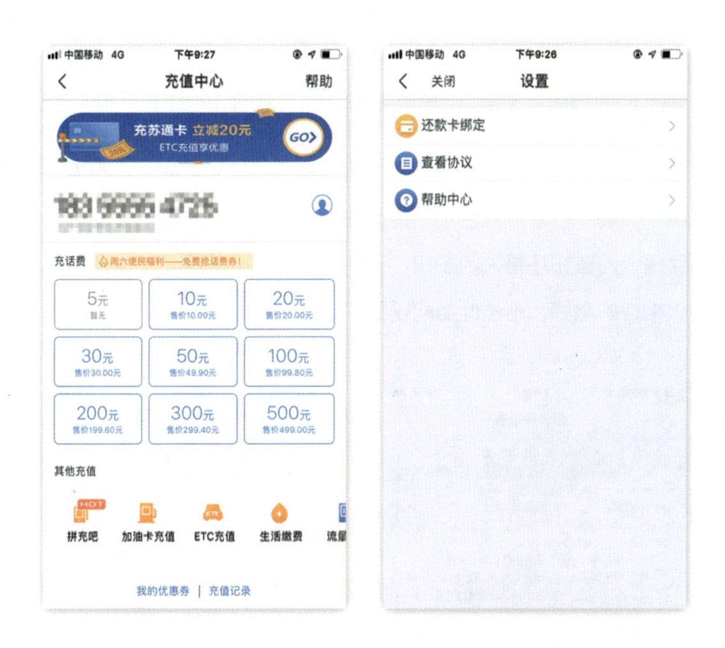

图 1-62　帮助中心入口不一致会增加用户的操作成本

其实说实话，报错文案很难写。之前我们上线了一个卡券，但是有些用户被系统判断为风险等级较高导致无法领取。针对这个报错文案，我们改了好几版，但是每次都会有用户投诉。他们询问为什么自己无法领取，直接告诉他们是高危用户也不太合适，因为用户是执行了某些操作才被判定为风险等级较高的。而我们在用户操作前并没有告知，直接告诉他们是高危用户可能会引起新的投诉。最合理的方法就是提前判断用户状态，如果被判定为高危用户，则直接不展示这个卡券，也就不会出现报错场景。

1.7 一致性

一致性原则也可以被称为统一性原则。从设计师和开发人员的角度来说，一致性原则的确立可以极大地节省功能迭代的时间。从用户的角度来说，一致性可以减少用户的学习成本，更能增加用户对于产品的认可度。

我把一致性原则放在最后面介绍，不是因为它不重要。恰恰相反，在我看来，一致性原则决定了一款产品的上限，也是最考验产品经理或者设计师能力的。为什么这么说？因为前面介绍的几类关于用户体验的问题即使你不主动去寻找，用户也会提出来。

我曾经对我们公司的 2017 年第 1 季度用户反馈的问题进行了一次分类，发现关于产品一致性问题的投诉量只占到 2% 左右。投诉量低不意味着产品一致性做得好，一致性问题本身很难发现，因为一致性问题的本质就是 A 与 B 不一样，这就是要求用户最起码用过 A 和 B 两个场景并且注意到有不一样的地方。

例如，在图 1-63 所示的两个协议页面中，一个设置的是返回按钮；另一个设置的是关闭按钮。用户不一定都进入过这两个页面，就算进入也不一定会注意到这个问题，即使注意到了这个问题，也不一定会反馈。因为不管是返回按钮还是关闭按钮，用户点击了都能离开这个协议页面，不影响正常使用。除非我们给用户提供相应的激励，不然此类问题我们很难收集到。

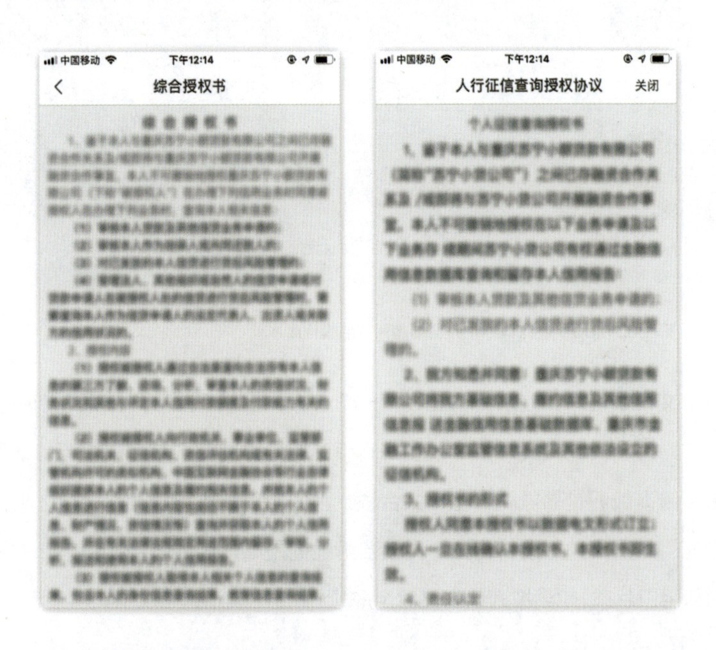

图 1-63 用户很难发现一致性问题

这就表明，对于一致性原则的优化，设计师和产品经理必须要具有强大的自驱力，要主动排查及寻找自己产品中的问题。

1.7.1 品牌基因

何为一致性？**一致性就是产品设计中共有元素的集合**。以知识星球 APP 为例，其底部菜单栏的 icon 都具有“断线”的设计特征，这里的“断线”就属于共有元素，如图 1-64 所示。因此，要实现一致性原则，总结起来有两个阶段：**发现共有要素；将共有元素植入产品设计中。**

图 1-64 知识星球图标中的“断线”

那么从哪里才可以找到足够多的共有元素呢？首先我们可以考虑从品牌入手，提取品牌基因作为共有元素。品牌可以在用户心中创建一种产品区别于其他竞品的态度，有效的品牌化处理可以为产品或者服务增值。从产品设计的角度来看，品牌可被拆解为：**品牌色**、**LOGO** 和**品牌定位**等。

品牌色是应用最多的，大多数产品界面的主色调就是品牌色。以网易为例，其旗下所有的产品都采用了网易红。这种配色上的统一可以让不同的产品线之间产生很好的关联感，如图 1-65 所示。

图 1-65 网易系产品：统一的配色增强不同产品线之间的关联感

微众银行是由腾讯发起并设立的，其主体视觉形象是一只企鹅，在其 APP 界面设计中这只小企鹅的出镜率非常高，如图 1-66 所示。这样的设计无时无刻不在向用户传递一个信息——钱放在我这，你放心，因为我的背后是腾讯。

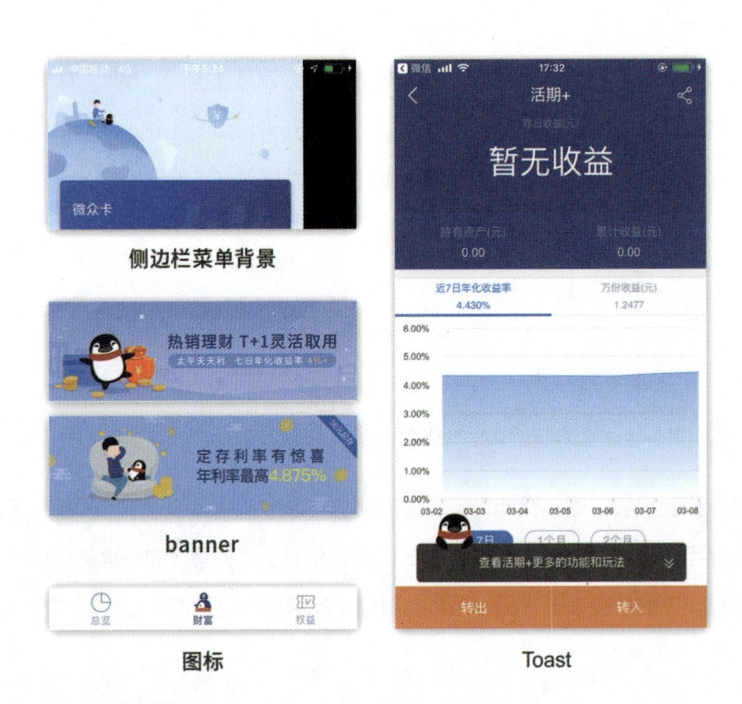

图 1-66 微众银行

飞猪 APP 的搜索框设计没有选择普通的矩形或者圆角矩形样式，其右半部分明显是参照了其 LOGO 的形状特征，如图 1-67 所示。

图 1-67 将 LOGO 的视觉特征植入输入框设计

品牌定位会影响产品的设计风格，例如你要给一个读书、旅行类的 APP 设计界面。你的品牌定位决定了你的主要目标用户群体是文艺青年，那么针对文艺青年，你的产品界面设计就要简约大方，宽间距，配色少，保持界面的“呼吸感”，如图 1-68 所示。

“宽间距，配色少”，保持界面的“呼吸感”

图 1-68　品牌定位决定了设计风格

1.7.2 平台的差异性

目前，主流的设计规范有 iOS Humen Interface Guidelines（简称 iOS）和 Material Design（简称 MD）两种。iOS 设计规范主要用于 iPhone，而 MD 设计规范主要用于安卓手机。但是目前很多产品，包括一些“国民级”的应用程序都只出一套 iOS 风格的设计稿，然后用它去适配安卓手机。很少会有针对安卓手机再出一套 MD 风格的设计稿的现象。这种现象虽然盛行，但是存在并不意味着合理。因为不同的系统 / 平台采用了不同的设计语言，不同的设计语言会培养出不同的操作习惯。

例如，使用安卓手机的用户平时见到的都是 MD 风格的界面，突然使用 iOS 风格的应用程序时，操作起来就会很不习惯，在无形中增加了用户的学习成本。在微信里，iOS 端用户如果要删除一条聊天记录，向左滑动聊天记录即可；而安卓端用户则需要长按聊天记录，在弹出的浮层中进行删除操作，这就是两个用户端的产品在手势上的差异，如图 1-69 所示。

图 1-69 iOS 端和安卓端的差异性

所以，产品设计要做到“入乡随俗”，遵循各自平台的设计风格。关于 iOS 和 MD 两种设计风格的具体比较，在第 2.1 节中会详细说明。

1.7.3 终端一致性

终端一致性指的是移动端和 PC 端在界面设计上要保持一致。说实话，做到这一点很难。因为如今大多数产品的主要流量都来自移动端。以我们公司的产品为例，移动端和 PC 端的流量比例达到 9 ：1，所以我们更愿意把时间和精力放到移动端上。

一般移动端产品可能一个月就迭代一次，而 PC 端产品可能半年都不动，很难跟得上移动端的速度。这样就导致移动端产品和 PC 端产品的差距越来越大，甚至完全看不出是同一款产品。

1.7.4 有用大于统一

对用户来说，**有用大于统一**。在产品设计过程中，我们经常会面临各种各样的抉择，每次抉择都意味着牺牲一方的利益，因为没有完美的设计方案。以在线客服为例，在线客服是一个共有的模块，不同的业务线都会调用。那么在入口设计上，我们要注意保持一致性。但是过度追求一致性就会损害易用性，因为在不同场景中用户对于客服的诉求是不一样的。相对于生活缴费，用户对于借钱这个场景更加敏感，有更多的问题要去确认。这笔贷款的利率是怎么算的啊？还款方式是什么样的？会不会影响个人征信？因此在借钱页中，在线客服的入口会被放置在更加显眼的右上角，而生活缴费页的入口被放在界面底部，如图 1-70 所示。

图 1-70　不能过度追求一致性

1.7.5 设计规范

要保持产品设计的一致性，我们需要建立一套视觉、交互甚至是文案层面的设计规范。设计规范作为设计准则，可以帮助我们提升工作效率。但是设计规范也不能做得过于详细，因为越详细，那些条条框框就会在产品迭代期间禁锢设计师的创造力。最终整个团队做出来的产品像是一个人做出来的，这样真的合理吗?

我之前曾经负责过一个项目，领导让我设计其中基金专区的界面。虽然设计整个专区看起来工作量好像很大，但主要工作就是搬运图层，因为现有的设计规范已经包含所有的场景，我直接套用就行了。所以，对一致性的追求要做到张弛有度，避免矫枉过正。在整体保持统一的前提下，个别场景进行差异化处理也是可以的。

我在前面提到过，用户很难发现产品的一致性问题。可能会有人质疑，既然用户感知不到，我们是否有必要去做一致性的优化?

对于这个问题，这里来做一个类比。我们可以把产品看成电影，产品经理相当于导演，产品中的一致性问题相当于电影中的穿帮镜头。对于穿帮镜头，其实观众也不一定能够看出来，例如国内的很多历史剧中出现不符合时代背景的物件，普通观众根本看不出来。

而很多大师级的导演对于道具的要求几近苛刻，其实它可能在银幕中就出现两三秒，观众都不一定能反应过来，很多普通的导演觉得差不多就行了。一个小问题观众可能发现不了，但是众多的小问题堆积起来就可能会毁了这部电影。往往对细节有着近乎病态般偏执的人才会拍出优秀的作品，这就是所谓的“不疯魔，不成活”。

这个理论在产品设计中同样适用，真正影响用户体验的往往就是那些一个个不起眼的小细节。不要有侥幸心理，这里的间距是 6 像素，那里的间距是 8 像素，差两像素的问题，用户看不出来。的确，用户没有“像素眼”看不出来，真正可怕的也不是这两像素，而是这种对错误已经妥协了的心态，一般有了这种妥协且侥幸的心态，就意味着产品中有很多类似的“两像素”问题。所以，我们对于一致性的追求，其实追求的是一种对于产品精益求精的态度。

第2章 概念

为了让更多的小伙伴可以在一起沟通与交流，我从2017年就开始建立自己的微信群。我发现大家在群里讨论的大多数问题都很基础，主要是一些常见的设计概念，很多工作好几年的“老鸟”对一些很简单的概念还没有做到完全掌握。这让我意识到工作年限与工作经验并不是可以直接画等号的。对大部分人来说，一旦自己的能力满足了日常工作需要，他们就会进入“舒适区”，不再考虑寻找新的突破点来提升自己的能力。我们所从事的这个行业，每天都在发生巨大的变化，不断有新的设计风潮袭来，新的技术应用导致用户对产品交互提出了更高的要求。我们需要不断学习、总结。本章主要想谈一谈那些我们很熟悉但是又很陌生的设计概念。

2.1 MD 和 iOS 设计规范

Material Design（简称 MD）和 iOS Human Interface Guidelines（简称 iOS）是目前最常见的两种设计规范。MD 是谷歌设计的一套视觉语言设计规范，主要应用于安卓类应用程序中。iOS 是苹果公司针对 iOS 系统设计的一套人机交互指南，目的是使运行在 iOS 系统中的应用程序都能遵从一套特定的视觉及交互规范，从而能够在风格上进行统一。

相对来说，我们对于 iOS 的设计规范更加熟悉。考虑到成本，大多数设计师在进行产品设计时只会设计一套 iOS 风格的设计稿，然后去适配安卓手机，很少会针对安卓手机再设计一套 MD 风格的方案，这种现象虽然存在，但是并不合理。不同的系统 / 平台采用了不同的设计语言，不同的设计语言会让用户培养出不同的操作习惯。

使用安卓手机的用户平时见到的都是 MD 风格的界面，如果突然下载了一个 iOS 风格的应用程序，那么操作起来就会很不习惯，增加了学习成本。为了让产品可以符合不同平台用户的操作习惯，提供 MD 和 iOS 两套风格的设计稿是非常有必要的。那么 MD 和 iOS 风格的不同点究竟在哪里呢?

2.1.1 阴影

对很多不太熟悉 MD 风格的设计师来说，一提到 MD 风格就会联想到“大色块 + 阴影”。为什么 MD 风格如此痴迷于阴影? 从它的名字就可以看出来，Material Design，翻译成中文就是“质感设计”或者“材料设计”，这里的材料指的是纸张。纸张来源于现实生活，所以与 iOS 风格相比，MD 风格更加注重对现实世界的隐喻，要求设计元素可以和现实生活中的事物关联起来。**MD 风格非常喜欢使用真实世界中的元素的物理规律与空间关系来表现组件之间的层级关系。**而阴影就是最常见的表现形式。

如图 2-1 所示，同样的账户注册界面，安卓系统界面中的“继续”按钮带有阴影，而 iOS 系统界面中的按钮没有阴影。

带有阴影的浮动操作按钮（FAB，Floating Action Button）甚至成为 MD 风格的一大招牌。相比较而言，iOS 风格更加扁平化，如图 2-2 所示。

iOS　　　　MD

图 2-1　阴影是 MD 风格的一大特征

iOS　　　　MD

图 2-2　FAB 在 MD 风格中很常见

2.1.2 导航体系

产品的导航体系主要由菜单栏构成，而其根据位置以及交互方式可以被分为顶部栏菜单、底部栏菜单和侧边栏菜单。iOS 风格的导航体系主要由底部栏菜单构成，**而 MD 风格的导航体系大量使用了顶部栏菜单和侧边栏菜单**。下面来看几个例子：网易云音乐 APP 在 iOS 手机中采用的是底部栏菜单导航，而在安卓手机中导航栏被移到界面顶部，“账号”页被收到侧边栏中，如图 2-3 所示。

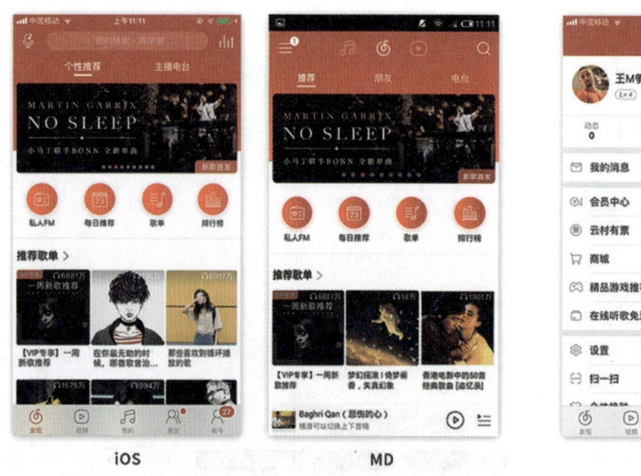

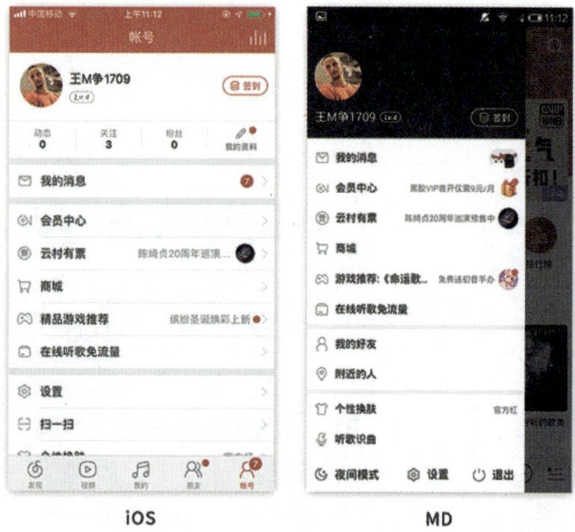

图 2-3 MD 风格更偏爱顶部栏菜单和侧边栏菜单

B 站 APP 在 iOS 手机的底部栏菜单中有 5 个标签，而在安卓手机中只有 4 个标签，“我的”页同样被侧边栏收起来，如图 2-4 所示。

推特 APP 在 iOS 手机中使用的是底部栏菜单导航，在安卓手机中导航栏被移到了顶部，如图 2-5 所示。

而 Apple Music 做得更彻底，在安卓手机中直接舍弃了底部栏菜单，采用了侧边栏作为主导航模式，如图 2-6 所示。

不只是 Apple Music APP 和推特 APP，很多国外的安卓类 APP 都没有使用底部栏菜单。而国内的 APP 即使“MD 化”也是简化版的，属于 iOS 和 MD 风格的“混血儿”。甚至最近出现了一种风潮，很多安卓应用程序开始舍弃 MD 风格，开始往 iOS 风格上转。以 B 站 APP 为例，在其 5.11.0 之前的安卓版本中都是没有底部栏菜单的，如图 2-7 所示。

图 2-4 B 站 APP

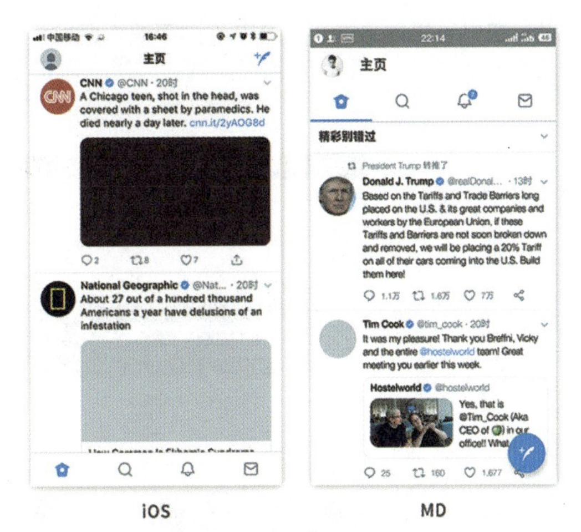

图 2-5 推特 APP

图 2-6 Apple Music APP

当然这里并不是评价 MD 风格和 iOS 风格哪个导航体系更好用，只是说一下我的观点。底部栏菜单的使用非常适合用户在单手握持手机的情况下操作，因为在单手握持手机的姿势下，用户的拇指很难够得着顶部栏菜单和侧边栏菜单，如图 2-8 所示。因此对大屏手机来说，单手操作手机会显得很吃力。

可是如果手机屏幕过大，用户不得不双手握持手机，那么从易用性上来说，底部栏菜单没有任何优势。所以，在我看来，如果手机继续现在的“大屏化”发展趋势，则底部栏菜单会逐渐被淘汰。

图 2-7 B 站 APP 在 5.11.0 版本里采用了底部栏菜单

图 2-8 拇指法则

MD 的设计规范更加精巧，更加注重对界面空间的利用。侧边栏菜单就不说了，以底部栏菜单为例，一般底部栏菜单的高度为 98px，也就意味着这 98px 里的内容是被遮挡的。很多的产品，例如知乎 APP，虽然使用了底部栏菜单，但是当用户滑动界面的时候，底部栏菜单是被隐藏的，以借此来释放空间，如图 2-9 所示。

图 2-9 用户滑动界面时底部栏菜单会被隐藏

侧边栏菜单的优势还体现在可以提供更多的标签，在理论上，你可以把无数个功能入口（标签）都“塞”到侧边栏菜单里，只要用户愿意滑动界面就行了。而底部栏菜单中最多可以放 5 个标签。

侧边栏菜单的缺点在于其需要用户点击才能调出来，比较隐蔽。与侧边栏菜单类似的还有“汉堡”按钮，“汉堡”按钮可以通过将一些次要的信息隐藏来释放界面的空间，这样使界面更加清爽、简洁，用户的注意力可以更好地集中在重要的信息上。

至于为什么 MD 风格会抛弃底部栏菜单，我个人的猜想是设备原因。因为在 MD 设计规范被提出的时候，多数安卓手机底部都有物理按键，如果采用底部栏菜单作为主导航模式，则容易造成用户误点击，如图 2-10 所示。类似的还有 Web 类应用程序，因为浏览器的控件栏也在底部，如果采用了底部栏菜单，则同样会造成用户的误操作。

图 2-10 浏览器控件栏容易造成用户误操作

2.1.3 配色

MD 风格提倡使用高饱和度的对比色来提升产品的视觉表现力，也就是我在前面提到的大色块。如图 2-11 所示，同样的工作群聊页，从顶部栏背景色、插画到按钮，我们可以发现，iOS 风格在色彩的使用上比较克制，用一个词来形容就是“小清新”。

如图 2-12 所示，知乎 APP 在其之前的安卓版本中使用了大面积的蓝色，后来改成了与 iOS 版本一样的白色。对于这样的调整，用户褒贬不一，有的用户认为这完全照搬了 iOS 风格，要改回 MD 风格。因为一旦用户适应了 MD 风格，对于 iOS 风格就会比较抗拒。这种“喜旧厌新”现象在产品设计中经常出现，用户对于新的事物永远是比较抗拒的，连微信 APP 都不能幸免。每个产品在发布新版本时，在初期都是免不了被用户“吐槽”。新版本在用户体验上的提升是一个长期的过程，用户目前还感知不到。用户在享受到产品改版所带来的红利之前，所能感受到的只有增加的学习成本——“我又要重新学习怎么操作了”。

在产品的界面设计中，对比效果主要由配色、尺寸、间距和阴影来完成。MD 风格在配色和阴影上做得比较出彩，所以 MD 风格的产品在视觉表现上更有冲击力。而 iOS 风格则显得比较“小清新”，其追求扁平和简洁。我们无法评判这两款设计风格孰好孰坏，因为其各自的出发点就是不一样的。

iOS　　　　MD

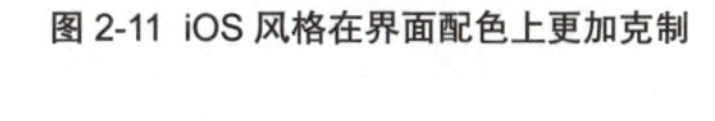

图 2-11 iOS 风格在界面配色上更加克制

改版前　　　　改版后

图 2-12 知乎 APP 里的颜色越来越少

2.1.4 组件

同一种组件，在 MD 和 iOS 风格中，其设计样式有很多不一样的地方，下面举几个常见的例子。以对话框为例，在 iOS 风格中，对话框的标题和按钮都是居中对齐的；而在 MD 风格中却是一个偏左，一个偏右，如图 2–13 所示。MD 和 iOS 风格对于有多个按钮的对话框样式的处理也不一样，开关样式的区别也很大。具体的不同点，我们可以查看官方提供的设计规范。

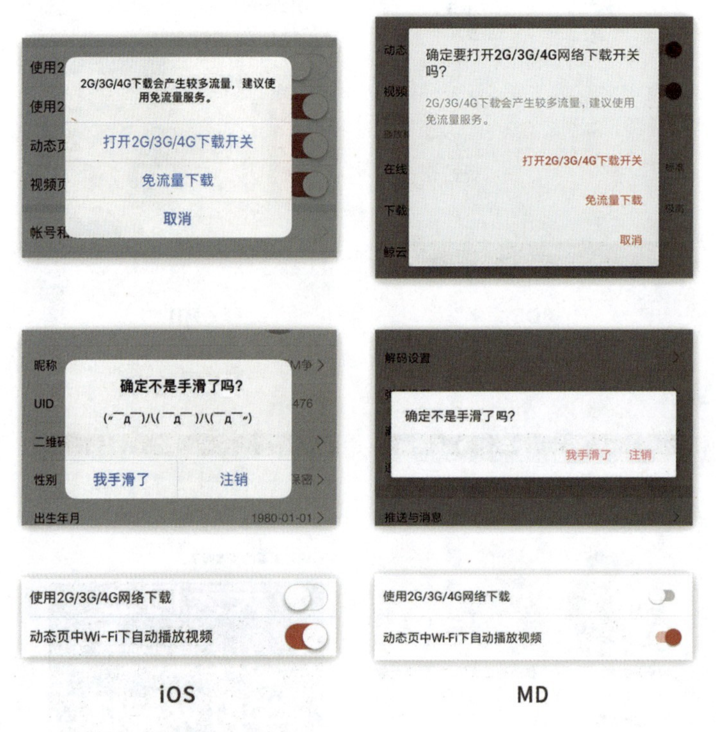

图 2-13 iOS 和 MD 风格的对话框

当然，MD 和 iOS 风格的差异不仅仅体现在以上说的这四点，还有一些小细节也非常值得我们注意。大多数人都知道在 iOS 系统中，用户向右滑动界面的时候会返回上一级页面。因为苹果手机没有物理返回按键，所以这种设置非常受欢迎，但是这在一些特定的场景中就会有问题。例如，如图 2–14 所示，如果我想复制微博里的文字“一曲肝肠断，天涯何处觅知音”，选中光标并从左向右滑动界面时，这时就会返回上一级页面，特别不方便。所以，我只能从右向左滑动页面进行复制，后来我在微信 APP 和 QQAPP 中试了一下，发现默认复制的是整条动态信息，这也算是 iOS 风格一个折中的方案。

需要再次重申的是，我并不愿意评判 iOS 和 MD 这两种设计风格孰好孰坏，也没有这个能力。而且 iOS 和 MD 风格本身也并不是完全对立的，有很多产品同时使用了这两种设计风格。以虎扑 APP 为例，其搜索框使用的就是 MD 风格的输入框样式，但是下面的那一栏 tab 却使用 iOS11 的“大标题”风格，如图 2-15 所示。这两种设计风格结合得很好，并没有很“违和”的感觉。所以说白了就是无所谓设计风格之争，只要能够更好地表达产品中的内容，让用户更容易接受就可以了。设计师也不要给自己套上枷锁，当我们制定设计规范时，不要太在意这个组件是 iOS 风格特有的还是 MD 风格特有的，只要可以实现，我们都可以采用“拿来主义”。

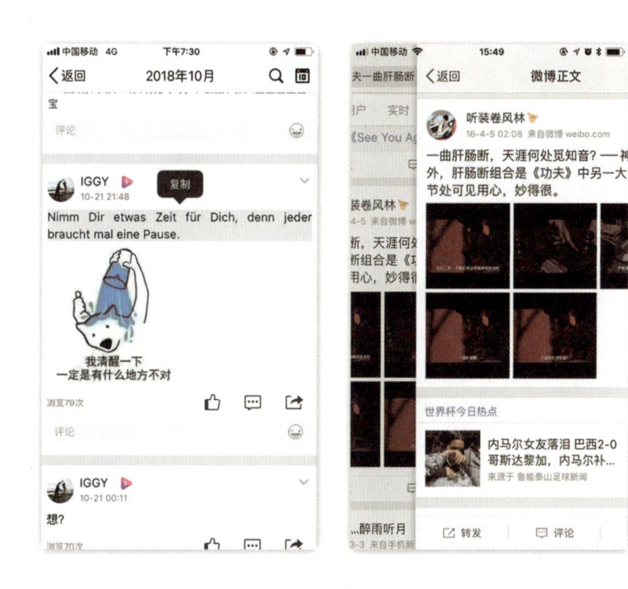

图 2-14 细节问题

图 2-15 虎扑 APP 的界面融合 MD 和 iOS 设计风格

或许在以后 iOS 和 MD 这两种设计风格会逐渐融合，但是现在还是有很大差异的。当然，让我们现在就为自己的产品做出两套设计稿，在目前来说也不太现实。很多“国民级”应用程序都只采用了一套设计稿，大家都这么做，整个大环境就是这样的。但是还是那句话，存在不一定合理。做两套设计稿虽然现在看起来不现实，但是我们也要做好准备，明白两种设计风格之间的区别。当需要我们做两套设计稿的时候，要有能力做出来。

2.2 适配

适配对设计师来说是一个老生常谈的话题，但是很少有人能够做到真正完全掌握。因为不管是 UI 设计还是交互设计，都属于从国外传进来的“舶来品”，在翻译成中文的时候可能会出现一些词不达意的错误。在传播过程中，这些错误可能会被进一步放大。我们可以在网上看到很多与适配相关的文章和教程，其中相同的概念在不同的地方可能会有不同的表述，甚至有些还是相互矛盾的。这就给我们的分析总结工作带来了很大的不便。

2.2.1 像素与分辨率

为什么要做适配？**适配是为了让同一个界面在不同尺寸、不同分辨率的设备上具备相同的显示效果。** 要掌握适配，首先我们得了解像素和分辨率这两个基本概念。

像素：由一个数字序列表示的图像中的一个最小单位；

分辨率分为两种：ppi 和 dpi。

ppi：每英寸（长度）所包含的像素点数目；

dpi：每英寸（长度）所包含点的数目。

这里需要注意的是，英寸是一个长度单位。 在我小时候，大家会说家里的电视机是 21 英寸、25 英寸、29 英寸的等，包括手机屏幕我们也会说是 5.8 英寸、6.1 英寸的等，如图 2-16 所示。但是显示屏毕竟是一个面，而我们用英寸来表示一个面，所以，在很多人心中会把英寸误以为是一个面积单位，也就是说把英寸看成了平方英寸。

把英寸看成面积单位的设计师就会对分辨率产生完全不一样的认识。其实这里的英寸是指屏幕对角线的长度，英寸实际上是长度单位，如图 2-17 所示。

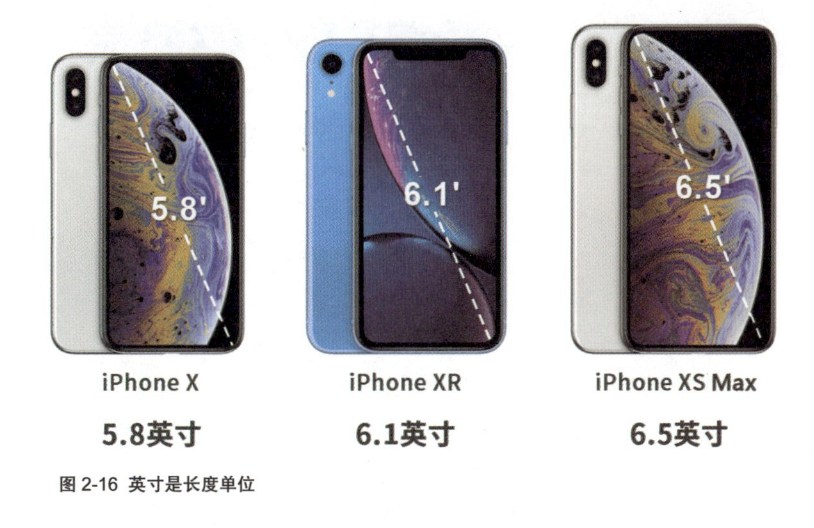

图 2-16　英寸是长度单位

图 2-17　分辨率（ppi）指的是每英寸（长度）所包含的像素点数目

上面我们提到了分辨率可以分为 ppi 和 dpi。对于 dpi，我们只要了解就可以了，ppi 才是我们真正需要掌握的。从上面的定义可以看出，其实 dpi 和 ppi 的区别并不大，只不过像素 (px) 是设计中最小的设计单位，点 (pt) 是 iOS 中最小的开发单位。我们日常所说的 2 倍图、3 倍图就是指屏幕中一个点中有 2 个像素或 3 个像素。**一个设备究竟要使用 2 倍图还是 3 倍图，只需看 ppi 和 dpi 的比值就可以了。**

在 iOS 设计规范中，我们经常会看到 44、88 这些数字。那么 44 是怎么来的呢？其实 iOS 风格推荐的最小可点击元素的尺寸是 44px × 44 px。以 iPhone1 为例，因为在 iOS 设计规范被提出来的时候，苹果还没有适应 Retina 屏，苹果是从 iPhone 4 才开始采用 Retina 屏的，当时其屏幕的 ppi 是 163，如图 2-18 所示。而用户在屏幕中可点击的物理尺寸是 7 ~ 9mm。以 7mm 来计算，1 英寸长度里有 163 个像素，1 英寸有 25.4mm，那么 7mm 里应该有多少个像素呢？

机型	屏幕尺寸	设计尺寸	开发尺寸	PPI	倍率
iPhone1/2/3	3.5'	320px×480px	320×480pt	163	@1X
iPhone4	3.5'	640px×960px	320×480pt	326	@2X
iPhone5	4.0'	640px×1136px	320×568pt	326	@2X
iPhone6/7/8	4.7'	750px×1334px	375×667pt	326	@2X
iPhone plus	5.5'	1242px×2208px	414×736pt	401	@3X
iPhone X	5.8'	1125px×2436px	375×812pt	458	@3X
iPhone XR	6.1'	828px×1792px	414×896pt	326	@2X
iPhone XS Max	6.5'	1242px×2688px	414×896pt	458	@3X

图 2-18 iPhone 各个版本的屏幕尺寸和分辨率

简单地计算一下就可以得出是 44.92px，也就是我们常说的 44px，如图 2-19 所示。所以这个 44px 只是相对的长度，随着屏幕 ppi 的改变而改变。如果不懂这个原理，你可能就会死抓着这个 44px 不放，在任何分辨率的屏幕中都是使用 44px，这明显是不对的。

1英寸=163px

1英寸=25.4mm

屏幕最小可点击区域=7×163/25.4=44.92px

图 2-19 屏幕最小可点击区域

2.2.2 适配原则

适配原则很简单，只要记住一句话：**所有的适配都要在同一倍率的方案下完成，同一倍率下组件的尺寸（多数情况）要保持统一。**看不懂没关系，下面详细解释一下。

目前来说，我们给 APP 做界面设计基本上都是在 750px × 1334px（在 iPhone 6/7/8 中的尺寸）的尺寸上做的。所以，适配流程就是以 750px × 1334px 的设计稿为基准，切 2 倍图对 iPhone 5、iPhone SE 和 iPhone XR 进行适配，切 3 倍图对 iPhone Plus、iPhone X 和 iPhone XS Max 进行适配。这里提到的都是 iPhone 的机型，安卓手机的碎片化太严重了，但是适配原则都是一样的。

可能有设计师会很困惑，我本身的设计稿就是以 2 倍图为基准做的，而 iPhone 5 用的也是 2 倍图，为什么还要做适配呢？这是因为虽然同是 2 倍图，但是手机屏幕尺寸是不一样的。iPhone 8 的尺寸是 750px × 1334px，iPhone 5 的尺寸是 640px × 1136px，如图 2–20 所示。如果直接将设计稿等比压缩来进行适配，就会导致在同一倍率下组件尺寸缩小。同一个应用程序在 iPhone 5 中显示的尺寸和间距为 iPhone 8 中的 0.853 倍，这是不符合上面提到的“同一倍率，同一尺寸”原则的。

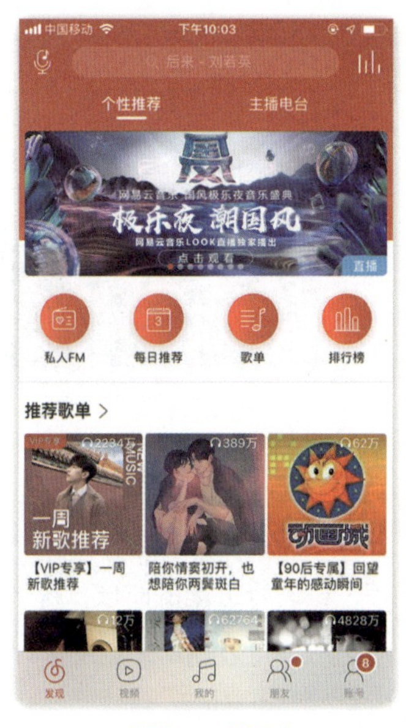

图 2-20　同一倍率，同一尺寸

所以，对 iPhone 5 做适配就是将 750px × 1334px 尺寸里的元素移植到 640px × 1136px 尺寸中。这种同倍率的移植，相对来说比较简单。移植的方法主要有以下两种。

1. 高度不变，水平方向尺寸或间距自适应

这种方法比较适合组件类元素，例如搜索框的高度不变，为了适应不同屏幕的宽度，进行适当拉伸；底部栏菜单 icon 尺寸保持不变，间距自适应，如图 2–21 所示。

2. 等比缩放

等比缩放一般适用的是图片类元素，如图 2–22 所示。

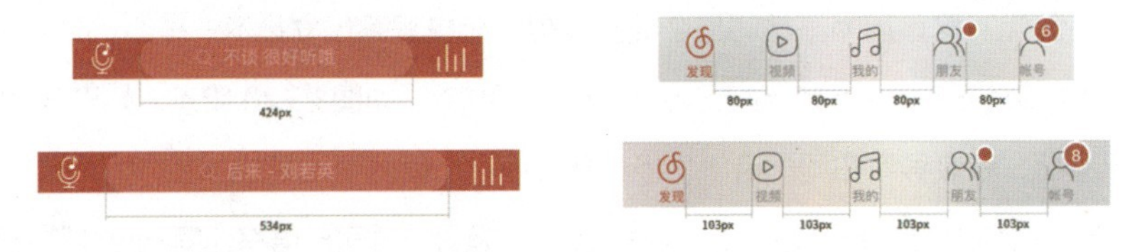

图 2-21 高度不变，水平方向尺寸（间距）为自适应

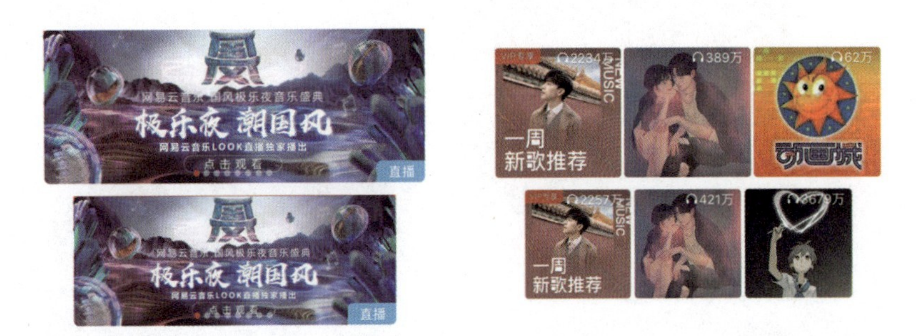

图 2-22 等比缩放

3 倍图也是同样的思路和流程。目前常见的 3 倍图机型屏幕分辨率为 1242px×2208px、1125px×2436px、1080px×1920px、1242px×2688px 等，在进行适配的时候，统一将其换算为 2 倍图的尺寸，即 828px×1472px、750px×1624px、720px×1280px、828px×1792px，然后再选择是等比缩放还是高度不变，水平方向尺寸或间距自适应。

2.2.3 全面屏手机适配

苹果的全面屏手机完全去除了物理按键，追求更高的屏占比。从苹果公司在 2017 年秋季开始推出的 iPhone X，再到 2018 年推出的 iPhone XS、iPhone XR 和 iPhone XS Max，都属于全面屏手机。针对全面屏手机做适配其实并不难，全面屏手机与普通手机最大的区别在于其屏幕是不规则的：顶部有“刘海”区，底部有 Home Indicator，如图 2-23 所示。

“刘海”区高度为 44pt，Home Indicator 高度为 34pt。这两部分都是危险区，界面内容不能进入危险区。如图 2-24 所示的例子就是产品界面底部按钮没有针对 iPhone X 做适配。

图 2-23 全面屏手机适配要注意刘海和 Home Indicator

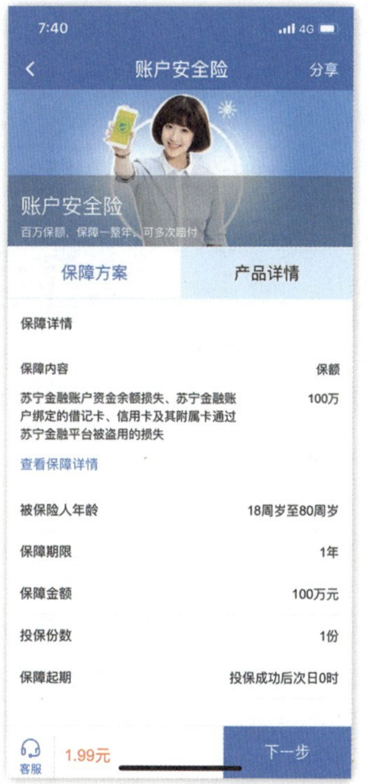

图 2-24 页面内容不要进入“危险区”

与危险区相对应的就是安全区。**在全面屏手机中最重要的适配原则就是界面内容必须保证在安全区以内。**图 2-25 所示的就是 iPhone 系列全面屏手机的安全区示意图，我们可以发现安全区的尺寸比设计尺寸少 78pt，这是由“刘海”区和 Home Indicator 高度相加所得的。有意思的是，iPhone XR 的倍率是 2 倍图，它是 iPhone 全面屏系列手机中唯一一款采用 2 倍图的机型。

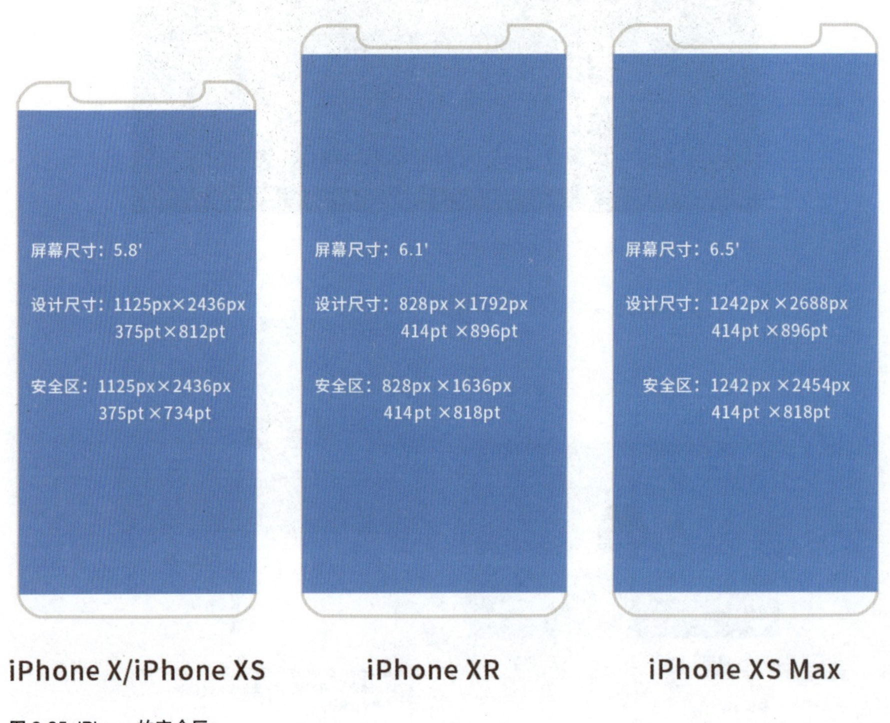

图 2-25 iPhone 的安全区

2.2.4 小结

掌握适配的原则可以帮助我们在产品设计中避过很多潜在的“坑”。例如，很多产品首页都使用这种单屏的宫格式布局，因为这样可以让所有的信息都得到充足的展示，可点击区域大，用户操作方便。但是这种单屏设计在适配的时候就会很困难，手机屏幕尺寸越大，元素高度就会越被拉伸，从而造成尺寸比例不统一，如图 2-26 所示。所以，为了兼顾设计的一致性原则，我们要尽量避免使用这种单屏设计样式。

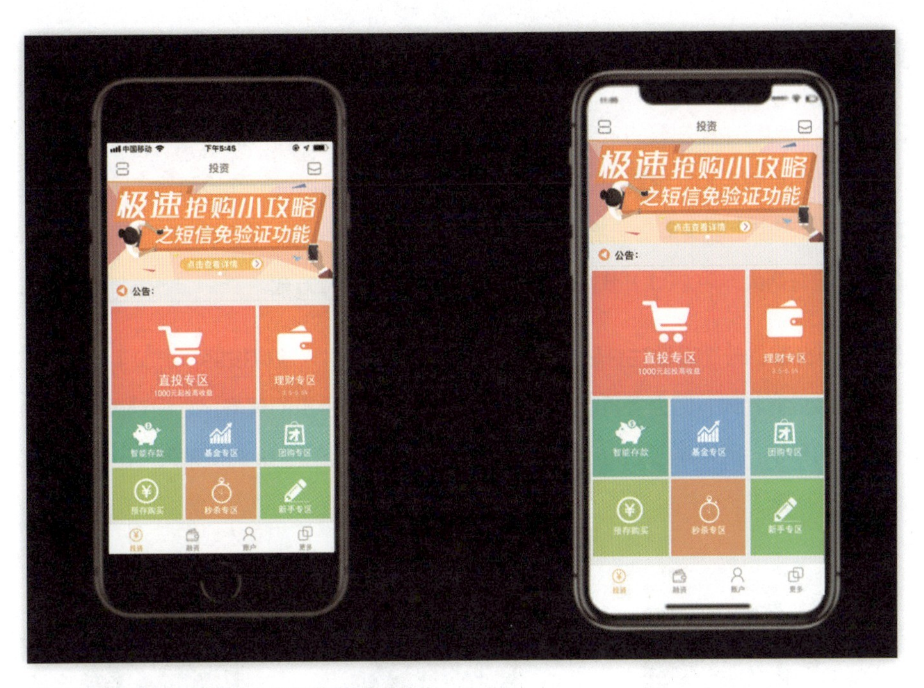

图 2-26　单屏页面适配 iPhone X 元素高度会被拉伸

还有一点我们需要注意，在 2 倍图的基础上做图时，我们一定要注意组件的尺寸不能是单数，比如按钮的高度是 75px，那么在 3 倍图里，即 75px 放大 1.5 倍后，图片肯定会出现虚边。这种问题我们要规避。

2.3 手势

鼠标和键盘是个人电脑中最主要的信息录入工具，然而对移动端产品来说，与产品进行交互主要靠的是我们的手指，或者说手势。手势成了一种强大的交互模式，可以说一款移动端产品在易用性上能否取得成功，在很大程度上取决于我们所构建的手势体系是否合理。为什么手势这么重要呢？简单来说，手势的使用主要有两大作用：（1）**节省界面空间**；（2）**简化交互方式。**

我们都知道 iPhone 的一个革命性突破就是抛弃了物理键盘，引入虚拟按键，增加了屏幕面积。在手机还处于物理按键时代时，因为手机必须要预留按键区，所以手机的屏幕尺寸很难再扩大，3.0 英寸就已经算是大屏幕了，而苹果于 2018 年秋季发布的 iPhone XS Max 的屏幕尺寸已经达到了 6.5 英寸，如图 2-27 所示。

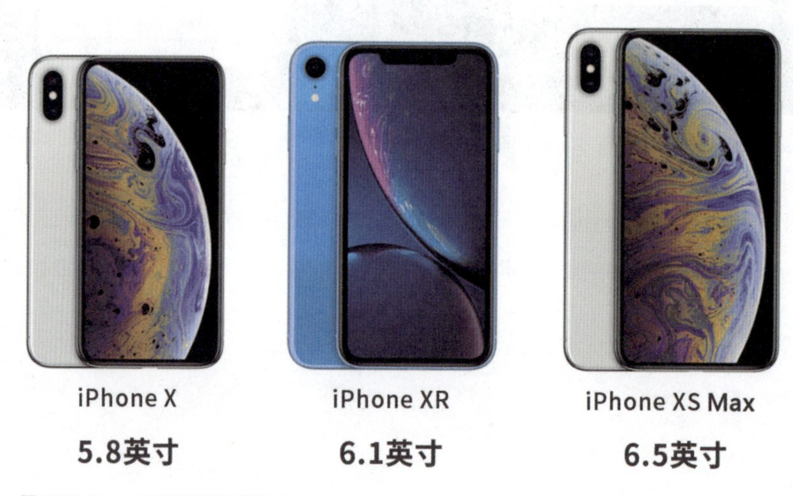

图 2-27 iPhone X 系列的屏幕尺寸

不仅如此，之前用户如果想在手机中放大或缩小照片，则必须点击 +/– 键，现在随着多点触控技术的应用，用户可以直接依靠扩张或收缩双指来完成照片的放大、缩小，让用户感觉可以直接跟屏幕中的元素进行互动，操作更加人性化。

2017 年，苹果公司发布的 iPhone X 则直接把 Home 键也去掉了，整个屏幕底部的空间也被解放了，手势在产品交互中的重要性进一步得到了提升。那么我们如何才能正确地构建手势体系？目前来说常见的手势有：**点击、滑动、拖曳、长按和多点触控等。**

2.3.1 “拇指法则”

“拇指法则”对于我们了解手势设计具有很现实的指导意义。“拇指法则”是资深交互设计师 Steven Hoober 在 2013 年对 1300 名手机用户进行调查及研究后提出来的一个新理论。他通过研究发现，49% 的用户都是单手拿着手机，使用拇指进行操作的。甚至在使用不得不双手握持的大屏手机时，大多数人也还是倾向于使用自己的拇指操作。Josh Clark 在另一项研究中也得出了类似的结论，他指出：75% 的手机交互都是由拇指完成的。因此，我们也可以说，**对触摸屏手机进行交互设计，主要针对的就是拇指。**

人类的拇指远比猿类灵活、有力，它使人类拥有了准确的抓握能力，具有使用工具的能力 。然而在手机操作中，拇指的可操作区域是有限的。如果我们竭尽全力，拇指可以在整个手机屏幕上进行操作（大屏手机除外），但是这也会影响用户使用的舒适度。

图 2-28 所示的就是拇指在手机屏幕上的活动范围热图，我们根据各区域到拇指的距离，将手机屏幕分为**容易区**（容易操作）、**伸展区**（拇指需要伸直才能操作）和**困难区**（拇指比较难操作）。这个拇指活动范围热图可以在我们绘制产品原型图时作为参考，对于一些主要功能，我们将尽量放在容易区，对于次要功能，可以考虑放在伸展区甚至困难区。

图 2-28　拇指在手机屏幕上的活动范围热图

例如，我们可以发现，手机屏幕左上角属于困难区或伸展区，而手机屏幕左上角一般会放返回按钮。用户在单手握持手机的情况下，拇指很难直接点击到返回按钮，如果是大屏手机，则必须要双手操作。而返回功能属于高频操作功能，放在困难区会影响用户体验。为了解决这个问题，有些产品将返回按钮放到界面底部的容易区。更有甚者，直接引入手势来替代返回按钮，用户向下滑动即可返回，如图 2-29 所示。

图 2-29 非典型的返回样式

当然，不同产品针对不同的用户群，要适时调整自己的“拇指法则”。例如，经常从事体力劳动的人手指一般会比较粗，如果你的产品的目标用户主要为体力劳动者，为了避免用户误操作，我们需要适度放大组件的尺寸和组件间的距离。

2.3.2 功能可见性

应用手势可以代替按键，但是手势跟按键不一样，它没有实体，用户看不见也摸不着。每次使用全面屏手机时，我都要找半天那个替代 Home 键的手势。**让用户感知到手势的存在是手势设计的重要前提。**如果用户都不知道这个元素是可以点击或者滑动的，那么他是不会想到使用手势的。以微信为例，可以回想一下自己是使用微信多长时间后才发现长按照相机图标可以发纯文字动态信息，滑动聊天记录是可以删除聊天记录的。

传统手机的物理按键上一般都会标有数字、字母和符号来帮助用户识别功能。但是现在手机的物理按键被淘汰了，特别是在 2017 年发布的 iPhone X 带起了一波新的全面屏手机风潮后，手机对用户来来说就是一块玻璃板。我们要通过手势来跟这块玻璃板进行交互，如果没有引导，那么用户很难理解应该如何操作。那么我们该如何引导用户呢？主要的方法有以下三种。

1. 引入现实生活中的隐喻

隐喻设计指的是将现实生活中用户熟悉的事物映射到界面设计中，方便用户理解和记忆。

例如，在 QQ 阅读中（见图 2-30），夜间模式的开启 / 关闭是通过滑动一根灯绳图标实现的。大部分用户一看到这个灯绳图标肯定知道这是可以滑动（拉动）的。

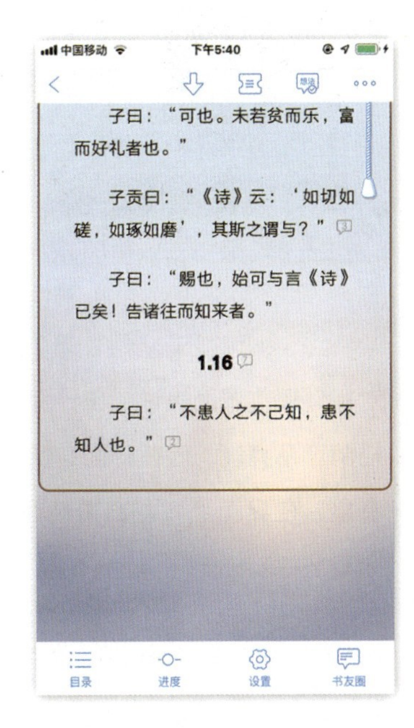

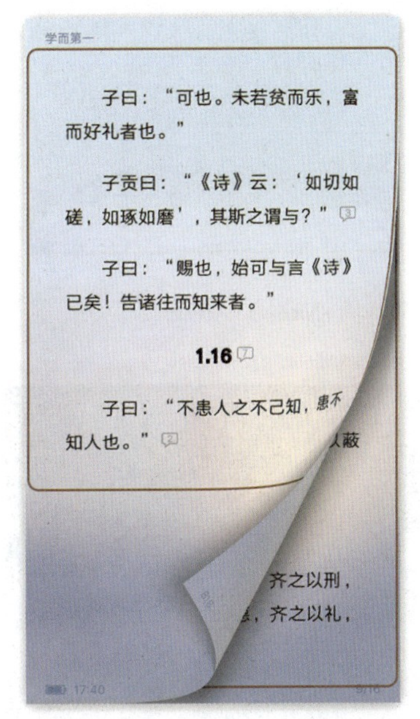

图 2-30　夜间模式的开启 / 关闭

同样在这个界面中，翻页效果模拟的也是真实场景中的效果。当然这个效果更多的是为了营造氛围，让用户觉得自己真的是在读一本书。

2. 浮层引导

当我们上线了一些新功能或者用户首次使用功能时，我们可以考虑使用浮层进行引导；浮层的引导适用于简单易记的手势，因为浮层一般只会出现一次，如图 2-31 所示。

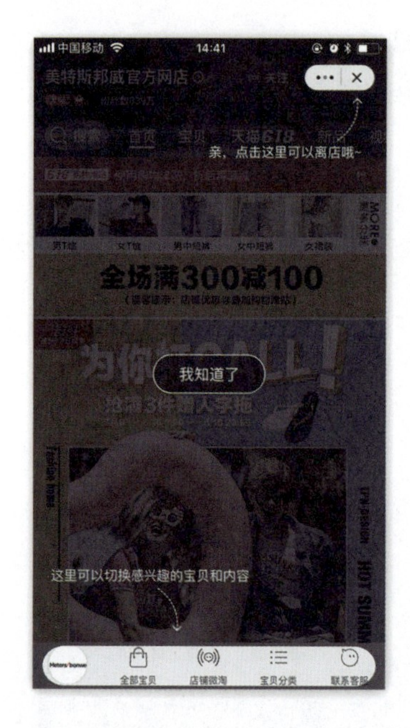

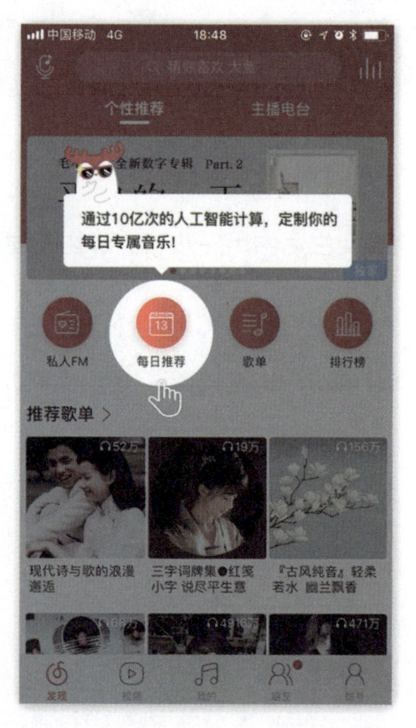

图 2-31 浮层引导

图 2-32 视频播放界面浮层引导

对视频播放界面来说，在界面左侧上下滑动是控制屏幕亮度，而在界面右侧上下滑动是控制音量，在界面上方左右滑动是控制播放进度，如图 2-32 所示。

3. 对隐藏内容进行适当展示

如果将内容完全隐藏起来用户就看不到了，所以要适当露出一点“尾巴”。以知乎 APP 为例，适当地露出下一条答案，用户就会明白滑动屏幕可以切换答案，如图 2-33 所示。

当然，可以培养用户对于手势的感知。以图 2-32 所示的视频播放界面为例，即使我们不做任何引导，根据长久以来的操作习惯，用户也知道左右滑动屏幕可以调整视频播放进度，上下滑动屏幕可以控制屏幕亮度和音量。但是不同地区用户的操作习惯是不一样的，我曾经就看到过这样一个例子：一个朋友参加了一个国际产品的录音功能设计，其中 icon 就是一个话筒图标，交互就是点击话筒图标就开始录音。结果发现，除中国用户外的用户都是点击话筒图标；而中国用户绝大部分都是长按话筒图标。这是因为中国用户最常见的录音功能就是微信 APP 中的发语音功能，而在微信 APP 中的交互方式就是长按图标，如图 2-34 所示。

图 2-33 对下一条答案进行适当露出　　图 2-34 微信 APP 影响了国人的交互习惯

2.3.3 滑动优先

不同的手势，用户操作起来的难易程度是不一样的。以最常用的两种手势：点击和滑动为例，**滑动要比点击更容易操作**。如果我们想提升产品的易用性，则可以尝试将热门功能的交互方式由点击改成滑动。因为相比点击，滑动对于落点区的要求不是很高。滑动一般是全屏操作，就像之前提到的 iOS 系统中的返回手势，在屏幕任何区域滑动手指就可以了，而点击对拇指的落点要求较高。

在微博中用户只需上下滑动屏幕就可以查看更多的内容。之前在网易云音乐中 APP 要查看歌曲的评论，用户需要点击评论图标。但是现在用户只需向上滑动屏幕就可以直接查看歌曲的评论列表，网易云音乐 APP 为了打造产品的社区属性可谓不遗余力，如图 2-35 所示。

图 2-35 滑动手势在产品设计中应用得越来越广泛

在微信中弹出浮窗后，用户只要滑动屏幕，就会询问是否要取消当前的浮窗，如图 2-36 所示。如果不取消就直接释放手势，如果取消就滑动到屏幕右下角，非常方便。如果使用传统的对话框，且不说会增加用户的点击次数，就说要通过什么手势来唤起对话框吧，滑动肯定不行，因为一滑动就出现对话框，那么用户就无法挪动浮窗的位置。点击会进入文章页，所以也不可取。唯一可行的就是长按唤起对话框，但是这样交互使得难度进一步加大。

滑动手势更容易受到用户青睐的另一个例子是瀑布流的出现，在移动应用程序中我们很少看到分页按钮。一篇文章可以分成好几页展示或直接让用户滑动屏幕查看全文，后者肯定用户体验更佳。因为用户不用每次点击加载进入一个新的页面，滑动一下手指在当前页面中就可以看到全部的内容。此外不用展示分页按钮，也节省了界面的空间。

上面说了滑动手势的优点，接下来说一下滑动手势的缺点。用户越往下滑动，当前界面所加载的内容就越多，从而会降低页面性能。滑动手势的另一个缺点是无法完成位置标记，当你在浏览页面时，突然想起上面有一条评论挺不错的，想翻回去找，此时就只能一条条去看。但是如果有分页功能，那么你就可以直接跳转到那个页面，从而能快速地找到信息。

图 2-36　使用传统的弹框样式会增加交互难度

2.3.4　场景

对于手势的使用一定要考虑具体的场景。例如，在iOS系统中，用户向右滑动屏幕就会返回上一级页面，但是在不同的场景中，这个设定会发生相应的改变。在网易云音乐 APP 中，如果手指的落点位于唱片的外部，那么向右滑屏幕会返回上一级页面；如果手指的落点位于唱片的内部，那么向右滑动屏幕会切换歌曲，如图 2-37 所示。这种设计会产生一个问题：切换歌曲和返回上一级页面的操作手势容易混淆。

类似的场景在知乎 APP 中也有，在知乎 APP 之前的 iOS 版本中，用户是可以左右滑动屏幕切换答案的。但是在新版本中，改成了上下滑动屏幕切换答案，当系统识别出用户在进行左右滑动屏幕的操作时，会立刻出现弹框提示用户“上下滑动切换答案”。当然，这里的改动不一定仅仅因为切换答案手势容易和返回上一级页面手势混淆，也可能是因为知乎 APP 希望增加底部广告和评论的曝光量，提升答案的阅读完成率，如图 2-38 所示。

而在虾米音乐 APP 中，当用户想从播放页面返回至上一级页面时，只要向下滑动屏幕就行了，避免了手势“撞车”，如图 2-39 所示。所以，手势的应用不能生搬硬套，要考虑具体的场景。

图 2-37 滑动手势要考虑落点

图 2-38 左右滑动屏幕改成了上下滑动屏幕

图 2-39 向下滑动屏幕返回上一级页面

手势的设计要考虑到平台的差异性，要做到入乡随俗。在 iOS 手机中，用户要删除一条微信的聊天记录，使用的手势是向左滑动屏幕；但是在安卓手机要中，用户使用的手势是点击并长按“聊天记录”，如图 2–40 所示。如果我们在安卓系统的 APP 里使用 iOS 系统的手势，那么用户操作起来会很不舒适。

手势的操作不一定仅限于屏幕上。例如在谷歌翻译 APP 中，用户向左滑动屏幕可以删除记录。如果用户想恢复删除的记录，则只要摇晃手机就可以了。在 iOS 系统中，用户摇一摇手机就可以撤销输入也是类似的案例，如图 2–40 所示。

图 2-40　手势的操作不一定仅限于屏幕上

2.4 异常场景

在产品设计中，我们除规划好那些正常的使用场景外，一定还要考虑到那些容易被忽视的异常场景。因为用户是非常挑剔的，我们做对 100 件事所营造的好感可能会毁于做错的 1 件事。所谓细节决定成败，用户体验尤为如此。更何况正常的使用场景大家都在做，我们很难做出差异化来赢得用户的芳心。倒不如用心把所有的异常场景都做好，处理好这些同行们都注意不到的小细节，从而弯道超车。

异常是相对于正常来说的，如果正常范围为 1 ~ *N*，0 就是极端小，代表着下限，代表着无。这里的“无”有多重含义，如无网络，无（拍照、通信录等）权限，无数据等。*N* 代表着上限，代表着无穷大，代表着超越临界值。接下来我们就介绍几种需要我们考虑的异常场景。

2.4.1 网络故障

网络故障可以被分为两种：**网络故障**和**网络切换**，其实网络切换从严格意义上来说不属于网络故障的范畴。

1. 网络故障

所有的报错提示 / 反馈都可以被拆解为两个部分：**报错现象**（原因）和**解决方案**。因此，在网络发生故障时，我们首先应该告诉用户当前网络状态异常，让用户知道这个事实，然后再提供解决方案。

目前来说，常见的报错样式有 Toast、Snackbar、对话框、通告栏、界面内嵌与空页面。我看了一下自己之前写的文章，发现都是基于组件来阐述适用场景的。这种解构方式存在一个问题，那就是在现实情况中，产品或者交互设计师都是基于场景来确定合适的组件。因此，为了更方便读者理解，这里不具体介绍每个组件的用法，而是以场景来定义组件。

如何梳理网络故障场景呢？我们可以从用户对于网络的诉求来入手。在**有的场景中，用户对于网络的诉求不是很高，那么当网络中断时我们可以不主动提示用户，避免给用户造成干扰。**

需要注意这里是不主动提示用户，并不是真的不给用户提示，而是只有在用户执行了请求数据的操作时才告知用户网络发生故障。支付宝 APP 就是一个典型的例子，即使断网了，用户基本也感知不到。只有请求了新数据，才会通知用户网络异常，如图 2-41 所示。

支付宝这样“高冷”也是有底气的，因为其大多数页面都有缓存机制，用户不用在每次进入这个页面后都要去服务端请求一遍数据。类似的产品还有 QQ 音乐、咕咚，对这些产品来说，断网并不会带来灾难性的影响。因为断网不影响用户听已缓存或已下载的歌曲，也不会影响记录运动数据，用户对于网络诉求不是很高。所以，对于此类场景，当网络发生故障的时候，只要用户没有执行请求数据的操作，就没有必要提示用户。

当然，我们需要给缓存数据设置一个有效期，如果过了这个有效期，网络还没有恢复正常，就应该及时提示用户网络发生故障。最常见的提示方式就是使用 Toast，因为其非常轻量化，出现几秒后会自动消失，不会打断用户正常的操作流程。

但是 Toast 有一个缺点：不可以承载点击事件。而 Snackbar 正好可以弥补这个缺陷，我们可以让用户点击 Snackbar 进入一个网络故障提示页，在其中提供一些常见的网络故障场景以及解决方案，最好可以让用户直接跳转到系统设置页中去设置网络。当然我们也可以直接让 Snackbar 跳转到系统设置页中。

图 2-41　支付宝很少主动告知用户网络异常

对于有缓存数据且对网络诉求不是很高的场景，我们可以考虑不主动提示用户。但是对于 QQ 和微信这类即时通信类的应用程序来说，当网络发生故障时及时给予用户提示是非常有必要的。因为如果不给用户提示，那么用户就不知道对方突然不回消息是因为惹对方生气了，还是因为网络发生故障收不到信息了。QQ 和微信在这方面采用的是通告栏，用户点击之后会进入一个展示网络故障解决方案的页面。这时可能会有读者问，为什么不使用对话框，对话框也可以完成跳转动作啊（见图 2-42）？

下面来分析一下。如果使用对话框，那么对话框的触发机制有两种：

（1）只要检测出网络不通畅，就立即弹出对话框通知用户；

（2）如果第一次检测出网络不通畅，就立即弹出对话框通知用户，用户关闭之后不做二次提示。

第一种触发机制明显不合理，因为用户在使用微信时并不一定非要网络通畅，有的用户就是想翻看一下聊天记录。如果只要检测出网络不通畅就立即弹出一个对话框，就会对用户造成很大的干扰。

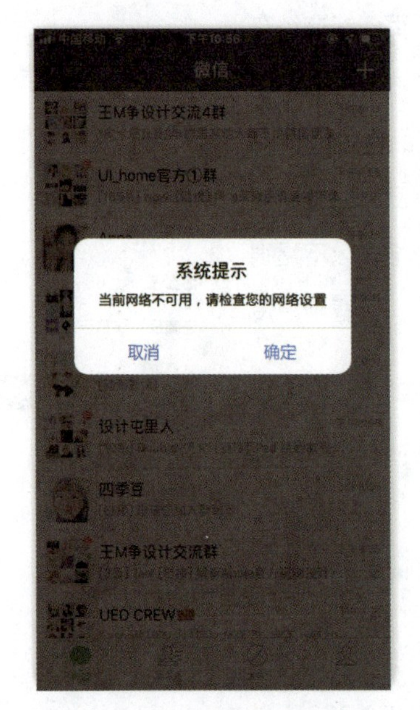

图 2-42 使用对话框还是通告栏？

第二种触发机制也不合理，如果用户所处的网络环境不稳定，时断时续，一旦用户第一次点击关闭了提示对话框，那么用户就无法感知到后续的网络故障。

所以，微信用户对网络故障提示的诉求是：**在给予用户持续性提示的前提下，还不能干扰用户的正常操作**。也就是让用户知道这个问题，但是用户不需要立即去处理。

可以满足上面这个条件的控件有两个：Snackbar 和通告栏，微信 APP 用的是通告栏，京东 APP 用的是 Snackbar，如图 2-43 所示。

以京东 APP 为例，用户在使用京东 APP 的过程中如果网络突然发生故障，那么会从界面顶部弹出一个 Snackbar 来通知用户，这里的 Snackbar 做了特殊处理，只要网络没有恢复正常就会一直存在。用户点击之后会进入一个网络故障提示页，其中展示了一些解决方案。其实在前面也提到过，所谓的解决方案就是让用户去系统设置页中检查 / 开通网络权限，我们可以像网易云音乐 APP 一样，直接提供一个跳转超链接，这样可以节省用户的操作步骤，如图 2-44 所示。

通告栏　　　　　　Snackbar

图 2-43　微信 APP 和京东 APP 的网络故障提示

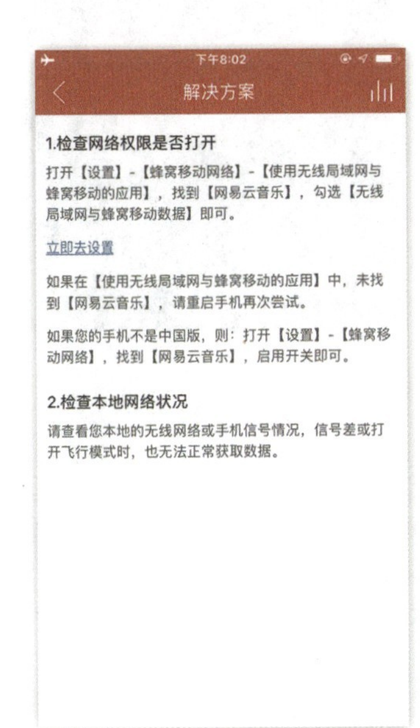

图 2-44　让用户直接跳转到系统设置页中，节省操作步骤

Snackbar 和通告栏的区别在于，Snackbar 的位置是浮动的，只要手机的网络不畅通，它就一直会出现在界面顶部。这是因为京东 APP 的用户对于网络的诉求比微信用户更强，即使没有网络，微信 APP 的用户还可以翻看聊天记录，而京东的用户在没有网络的情况下还能干什么？没有办法浏览商品，更不用说下单了，京东 APP 比微信 APP 更需要用户去解决网络故障问题，所以京东需要让用户时时刻刻都看到提示。当然，对这种浮动的 Snackbar 来说，其最大的问题在于不同机型的适配，要不然很容易造成对重要功能的遮挡。以“扫码支付”场景为例，如图 2-45 所示，此时 Snackbar 遮挡住了返回按钮，用户想要离开当前的界面，必须要“杀掉”进程，非常不方便。

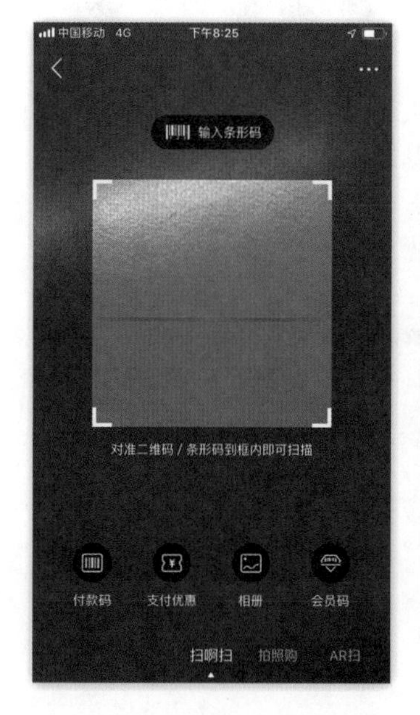

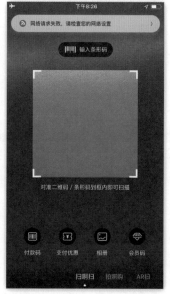

图 2-45 Snackbar 遮挡了返回按钮

上面提到的场景都是页面已经缓存了数据的，对于没有缓存数据的页面，应该怎么提示用户呢？有两种解决方案：一种是展示空页面；另一种是展示骨架屏（Skeleton Screen），如图 2-46 所示。

骨架屏，顾名思义就是展示页面的框架，当数据请求完成时再渲染页面。这种先占好位置再加载数据的模式也被称为占位符。

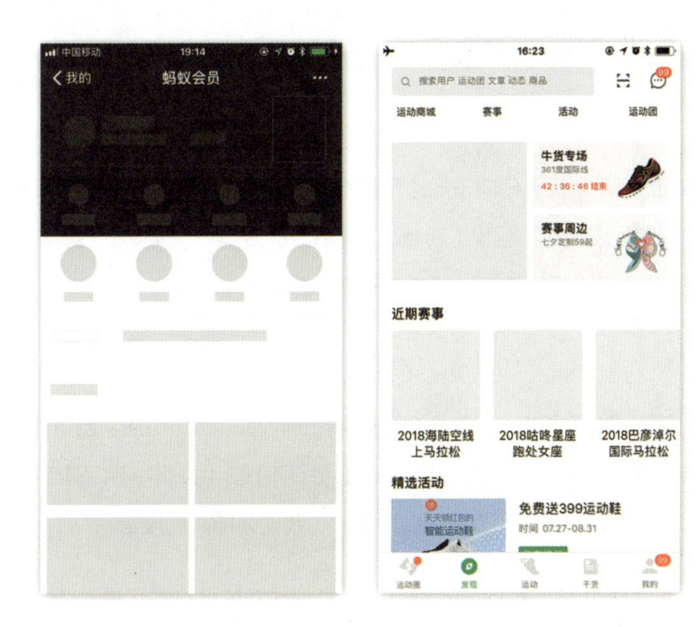

图 2-46　骨架屏

最后再说空页面。空页面的展示方案也有两种，如图 2-47 所示。

图 2-47　网络故障提示页：空页面

（1）提供“刷新页面”按钮；

（2）提供“查看解决方案”按钮。

这两种方案都有各自的优点，我更倾向于把这两种方案进行融合：显示“刷新页面”按钮，如果用户点击了还是没有办法请求到数据，则再以 Snackbar 的形式提供解决方案的跳转超链接。其实这两种解决方案都是引导用户去系统设置页面里检查 / 开通网络权限。

2. 网络切换

除网络中断与网络信号弱的情况外，还有一个需要考虑的问题：网络切换。当将网络从 4G 网络切换至Wi-Fi时，用Toast来提示用户是没有任何问题的，甚至不提示也没事，不会对用户产生太大的影响。但是反过来，当 Wi-Fi 突然断掉，切换至 4G 网络时，我们还能如此淡定吗?

当用户用 Wi-Fi 观看视频时，如果 Wi-Fi 突然断掉，那么系统会自动切换至 4G 网络。为了避免让用户在不知情的情况下耗费大量的移动流量，我们应该给用户一个网络切换的提示，用户确认之后才可以继续观看视频。提示的方式在目前来说主要有使用**界面内嵌和对话框两种方式**，哔哩哔哩 APP 和网易云音乐 APP 在这里使用的都是界面内嵌的方式，如图 2-48 所示。

在 QQ 音乐 APP 中，如果在用户听歌过程中 Wi-Fi 突然断掉，其就会立刻暂停缓存，防止用户在不知情的情况下使用移动流量缓存歌曲，如图 2-49 所示。当然，如果每个月的移动流量足够多，用户也可以手动关闭网络切换提醒，之后使用移动流量播放 / 下载歌曲时不会收到类似的提示。

我们需要特别注意：提示网络由 Wi-Fi 切换至 4G 网络时绝对不可以使用 Toast！因为在某些安卓手机中，用户在系统设置中关闭推送信息时会把 Toast 也给禁用了，这些用户是收不到提示的。所以，优先级高的反馈我们都只考虑使用对话框，因为对话框所承载的信息百分之百会让用户看到。

前面提到的都是网络发生故障的场景，那么网络恢复正常应该怎么办? 我比较喜欢网易云音乐 APP 的处理方式：当检测到网络恢复正常时，页面会自动完成刷新和加载，不需要用户自己手动刷新。这种处理方式有两个好处：

（1）减少用户的操作步骤。

（2）避免使用弹框。

图 2-48　界面内嵌式网络提示

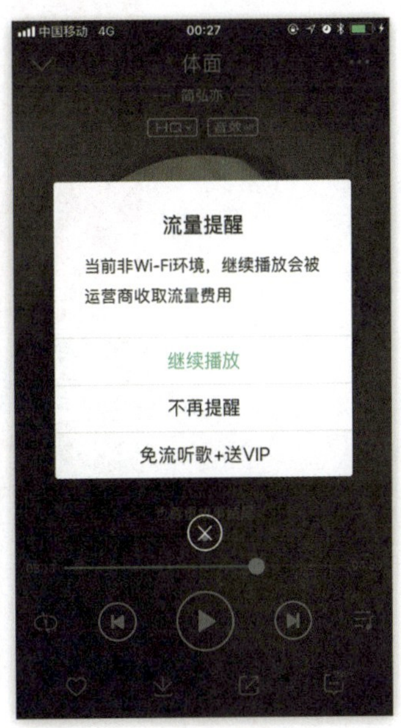

图 2-49　Wi-Fi 中断立刻通知用户，避免在用户不知情的情况下使用移动流量缓存歌曲

很多人都形成了一个思维定式：认为如果系统状态发生了变更，就应该通过弹框来通知用户。但是如果用户看到了页面自动完成了刷新和加载数据，就肯定感知到了“网络恢复正常”这个事实，还需要加一个弹框来提示吗？明显是多此一举，而且哪怕 Toast 再轻量化，对用户也会造成干扰。所以，在产品设计中，**如果可以通过控件自身状态的改变而让用户感知状态的变更，那么我们就没有必要使用弹框**。使用弹框来通知用户是我们最后的选项。

此外，我们还要考虑手机开启热点的情况（用户使用苹果手机可能会开启热点），如果产品经理没有考虑到这个场景，就会导致整个产品界面向下移动，从而对底部菜单栏中的信息造成遮挡，即使没有遮挡，平移了一下产品界面也不是一个好的用户体验，如图 2-50 所示。

图 2-50 开启热点会导致界面整体下移

2.4.2 空页面

空页面是我们目前对于状态 0 的最常见表现方式，因为空即代表着无。当然出现空页面也并不一定意味着场景异常，有的时候因为用户从未进行过操作也会展示空页面。例如，在“我的银行卡”页中，用户首次进入后展示的是空页面，这是因为用户从来就没有绑定过银行卡。

1. 空页面真的有必要吗？

设计师不要每次在接到空页面需求时上来就做，首先要思考其存在的必要性。**空页面真的有存在的必要吗？**例如，如图 2-51 所示，当用户没有购买保险时，点击“我的”页中的“保险”一栏会进入“我的保单”空页面。空页面中会提供“进入保险首页”按钮，用户可以去“保险”首页购买保险。如果我们非常希望用户去购买保险，为什么不做一个判断？当没有购买保险的用户点击“保险”一栏时，可以让用户直接跳转到“保险”首页去购买。对一个从来没有购买过保险的用户来说，展示一个关于保单的空页面没有任何意义，哪怕你的按钮做得再好看，其转化率也不可能是 100%，让用户直接去购买更合适。

图 2-51　引导从来没有购买过保险的用户进入保单空页面是否合理

2. where & how

在懒人英语 APP 中点击“我的收藏”按钮后，会进入一个空页面，这里什么东西也没有。到底是因为用户之前没有收藏过课程，还是因为网络原因导致数据加载失败呢？用户不知道，所以合格的空页面首先要向用户介绍这是一个什么页面，告知用户当前的位置并解释原因。

同样还是懒人英语 APP，这次点击的是“缓存管理”按钮。但是进入的页面的标题是“本地节目”，这属于一致性问题，这里就不说了。这个空页面告诉用户其还没有下载任何内容，但是没有说明具体应该去哪里下载内容，没有提供操作路径，如图 2-52 所示。这是空页面应该回答用户：**接下来可以干什么，以及将会出现的情况。**

如果我们不提供解决方案，那么用户进入这个空页面后就只能原路返回，就像进了一个死胡同一样，这对用户体验来说是一种伤害。所以，我们应该在空页面中给用户提供相应的引导，例如，在喜马拉雅 FM APP 中，如果用户没有上传过作品，那么应该引导用户去上传作品，如图 2-53 所示。

图 2-52 空页面应该告知用户“空”的原因，并且引导用户进行后续操作

图 2-53 引导用户去录制节目

如图 5-54 所示，用户要购买从南京到新疆阿克苏的火车票，可是没有从南京到阿克苏的直达列车。如果图省事，那么可以直接告诉用户没有查询到相应的车次。而**好的用户体验通常就在于可以往前再走一步**。没有直达的列车，我们可以给用户提供中转列车，这样用户就不需要自己手动规划中转方案；还可以推荐机票，为机票业务带来流量，增加产品内不同模块之间的渗透率。

3. 品牌化设计

你与别人不一样的地方往往就是你比别人优秀的地方，不要随波逐流，要留住自己的“棱角”。这句话同样适用于产品。一款产品如果想从众多的同类产品中脱颖而出，就需要有自己独有的核心竞争力。从设计的角度来说，产品之间的区别就体现在各自的品牌，要将品牌基因注入空页面的设计中，将空页面打造成一个释放自己品牌魅力的平台。

例如，Khaylo Workout 这个训练类 APP 在空页面中放上了拳击手套的图像，在提升了页面设计感的同时，也能彰显“运动拼搏”的企业文化，如图 2-55 所示。

而网易漫画在空页面中放上了漫画人物，这与产品的特性相契合。其底部所配的文案也很俏皮，很好地起到了愉悦用户的作用，如图 2-56 所示。

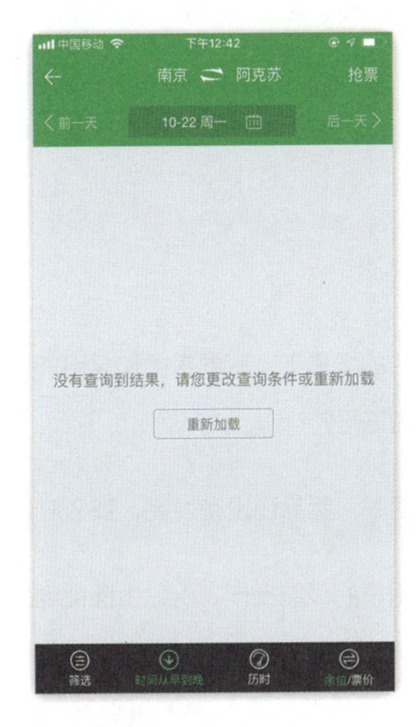

图 2-54　给用户提供备用方案

图 2-55　将品牌基因注入空页面设计

图 2-56　空页面设计与产品的特性相契合

4. 简单至上

大部分的空页面中的内容都是插画 + 文案的组合，其中文案字数很少。从用户体验的角度来说，我们希望用户在空页面中停留的时间越短越好。所以，我们应该让用户进入这个页面后，在短时间内就知道当前页面为什么没有“内容”，以及如何脱离当前页面。注意，说明文字要足够简单，不要写大段的内容，因为用户没有耐心去读。

2.4.3 超越临界值

超越临界值意味着极端场景。例如，在用户录入姓名的场景下，就要考虑如果用户是少数民族，名字很长的情况，那么在这种情况下是缩小字号还是加省略号？

当我们做一个抽奖活动页时，如果超过了活动最终期限，奖品还没有发完，那么应该怎么处理？

当然，这里的临界值不一定特指数值，它也代表着用户的极端操作。例如上面提到的报错提醒。用户刷新界面一次就会通过 Snackbar 提醒一次用户，如果用户在短时间内重复刷新界面，那么应该如何给予合适的提示？

此外，我们还应该考虑因为意外情况导致用户操作中断的场景：是否要保存之前的数据方便用户下次操作。如果无法保存，那么也要给用户提供入口让他们继续完成被中断的操作，如图 2-57 所示。

很多产品都给用户提供了指纹解锁功能，有些用户在秋冬季节手会蜕皮，从而导致指纹解锁失败，所以他们会希望关闭指纹解锁功能。但是关闭指纹解锁功能时还是需要验证指纹的，验证不通过会导致无法关闭此功能。后来我们给用户额外提供了输入登录密码关闭指纹解锁功能的路径。所以一款产品要做到让用户满意，就必须要考虑到足够多的特殊场景。

中国移动 4G 上午8:02
顺丰速运
恢复未保存的地址数据吗？ 恢复
寄件人
设为默认地址
姓名 电话 分机号
城市 / 区域
详细地址（精确到门牌号）
公司名称（选填）
「智能填写」粘贴如"深圳市南山区深圳大学 张三 1380222 2999"的信息
上传地址截图
保存

图 2-57 产品设计需要考虑所有的异常场景

第3章
元　素

色彩、文字、图标、布局、图片和按钮是界面设计中的六大视觉元素，

而究竟应该怎么组合这些元素呢？

3.1 色彩

之前曾盛传谷歌会推出新的 All-White 设计风格，即在界面设计中大面积地使用白色，将极简主义发挥到极致。虽然后来被证实这并不是谷歌官方推出的设计规范，但是在界面设计中配色越来越少却是一个不争的事实。以网易云音乐 6.0 的这次改版为例，其界面中大面积的“网易红”已经不复存在，取而代之的是白色，画风更加轻盈，如图 3-1 所示。

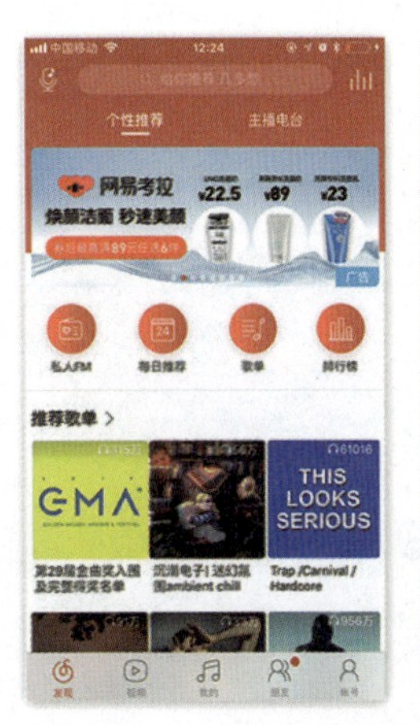

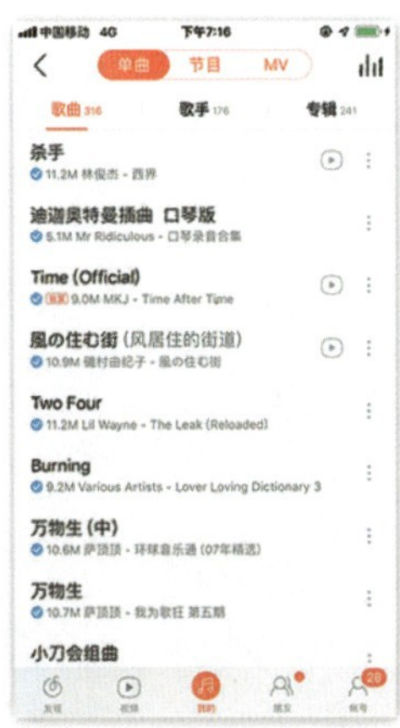

图 3-1 网易云音乐 6.0 版本与之前版本对比

我们常说视觉稿只是给高保真原型图上了一遍色，而用户对于色彩的诉求正在降低，所上的色越来越少，这就导致现在很多产品的高保真原型图和最终的视觉稿差距很小。

3.1.1 为什么要配色

要了解用户对于色彩诉求降低的原因，我们首先要明白色彩在产品设计中的价值体现在哪里，如图 3-2 所示。

图 3-2 色彩在产品设计中的价值体现在哪里

通常来说，产品配色体系的建立主要有以下三个目标：

- 视觉区分。
- 调整界面风格。

- 吸引用户的注意力。

1. 视觉区分

一个产品可能会有好几个同级别的功能模块和分区。**设计师需要对产品的信息内容和功能模块进行整体规划，建立界面的信息层级，以帮助用户在视觉上更好地区分。**配色可以很好地帮助设计师实现这个目标。例如，如图 3-3 所示，一款金融 APP 主要的功能模块有财富、白条和借钱。其中每个分区都会被配上不同的主题色，方便用户更好地识别，因为用户使用产品时间长了就会将配色和相应的功能模块关联起来。

图 3-3　配色可以帮助用户区分不同的功能模块

配色可以实现视觉区分，但是视觉区分不是只能通过配色来实现。**文字、图像（图标）、布局都可以**实现视觉区分。

例如，在一款金融类应用程序中会有不同类型的理财产品（普通型、随借随还型和可转让型 3 种类型）和不同的状态（投资确认中、投资成功已起息、清算中等合计 11 种状态）。

在这种情况下（3 种产品类型，11 种产品状态），配色就要很小心了。如果为每一种产品类型和状态都配有不同的颜色，那么界面整体就会显得很凌乱、花哨，而且用户的记忆成本很高。

这就需要我们对状态进行整合，将相似的状态整合成一种，这样可以减少颜色的数量。当然会有人感觉 6 种颜色还是多，因为书本上告诉我们，在同一页面中配色不要超过 3 种。但是我们得从实际情况出发，对理财产品来说，用户不太可能在同一界面中看到 6 种状态，也就是说，用户同时看到 6 种颜色的概率很小，所以在这里使用 6 种颜色问题不是很大，如图 3-4 所示。

既然上面对产品状态使用了颜色来进行标识，那么对于产品类型，我们可以选择使用文字（标签）的形式来区分，如图 3-5 所示。文字相对于色彩来说，给用户的视觉观感还是稍弱。但是相比产品类型，用户更加关心的是产品的当前状态，所以弱化也没有关系。

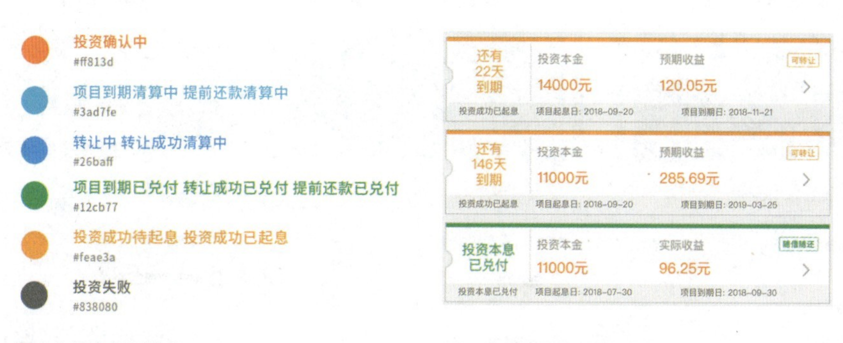

图 3-4 配色标识状态

图 3-5 文字标识类型

使用布局来实现视觉区分也很常见。以图 3-6 为例，同样的一个借款页，在这个页面中，用户最主要的需求是录入借款金额，那么在页面布局中就应该给予借款金额文本框最大的空间，将它从其他元素中区分出来。而图 3-6 右图所示的页面则没有做到这一点，没有展示信息的优先级。

2. 调整界面风格

每款产品的视觉风格都是由其自身的市场地位和目标用户群所决定的。例如，医疗类产品会使用绿色作为主色调，因为这象征着健康、安全、可靠。而电商类产品会使用光波较长的红色和橙色作为主色调，因为这两种颜色可以让用户产生兴奋感，刺激用户产生购买欲望，如图 3-7 所示。

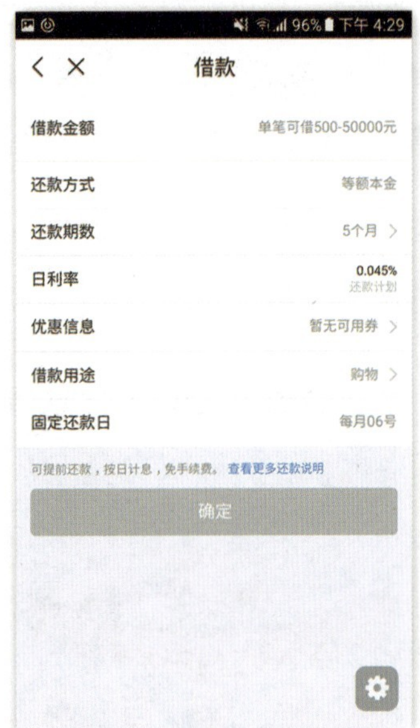

图 3-6 信息层级越高，间距越大

图 3-7 产品的自身定位和目标用户群决定了其视觉风格

当我们的电脑出现故障时，会出现蓝屏，为什么是出现蓝屏而不是红屏或者绿屏呢？因为蓝色是冷色系，会让人联想到天空、海洋，可以给人一种冷静、沉稳的感觉。而当电脑出现故障时，最需要做的就是安抚用户的情绪，让其不要慌张。如果使用红屏，则会刺激用户原本就不稳定的情绪。

前面提到的金刚区 icon，在举行活动和大促期间，也可以为其配上与节日相衬的颜色来烘托气氛进行营销宣传，如图 3-8 所示。

图 3-8 针对不同的活动，配置不同风格的 icon

与视觉区分一样，界面风格也不是只由配色决定的，文字跳跃率同样可以影响界面风格。

文字跳跃率是指在同一界面中不同文字之间的大小比率。对于不同功能的文字，在排版设计的时候会有**字体**、**字号**和**字重**的区别，例如主标题、副标题和正文的字号通常是依次减小的，这种字号的差异会带来不同的文字跳跃率。一般来说，文字跳跃率高的界面会显得比较活泼，文字跳跃率低的界面会显得平静、沉着，如图 3-9 所示。

当然，不只文字有跳跃率，图片也有跳跃率。对一些具有文艺风格、小众的产品来说，因为自身的定位和目标用户，导致其配色要尽量“克制”，一般会大面积地使用白、灰、黑或者其他同色相配色（蓝色与浅蓝色，红色与粉红色等），这样的界面会显得庄重、高雅且富有现代感，但是也会显得单调，无法激起用户的兴趣，如图 3-10 所示。设计师可以通过提升图片的跳跃率来提升产品界面的活力。

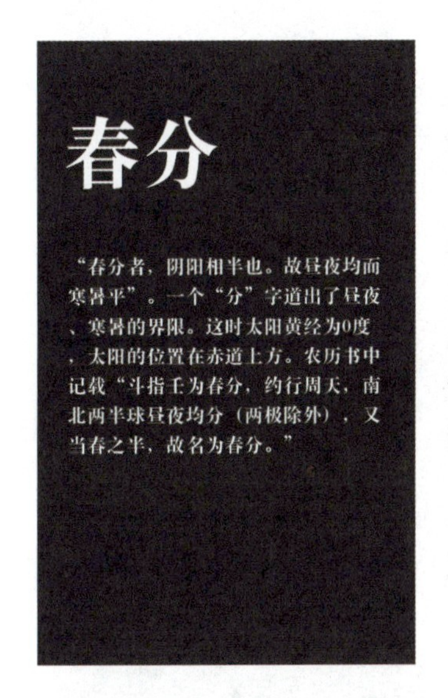

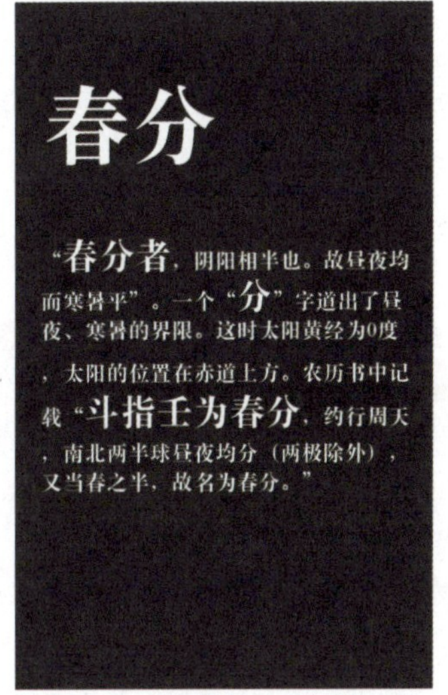

图 3-9　文字跳跃率高的界面会显得比较活泼

图 3-10　图片也要有跳跃率

3. 吸引用户的注意力

我们经常喜欢使用配色来吸引用户的注意力，以图 3-11 所示的行为召唤按钮 (call to action) 为例，为其配以与背景色差距较大的颜色，可以使其从背景中凸显出来。

其实，即使我们不使用配色，也可以很好地吸引用户的注意力。例如，如图 3-12 所示，在谷歌搜索页中有大面积的留白，用户的目光自然就会被吸引到搜索框上。这和谷歌的初衷相契合，他们希望用户在这个页面完成搜索操作，所以不用展示过多其他的信息来分散用户的注意力。

阴影效果也可以用来吸引用户的注意力。阴影效果可以提升目标元素的“海拔”，进而使其从背景中凸显出来，这来自对现实生活的隐喻。目前 QQ 音乐的搜索框是半透明的背景，将其改成纯白色背景属于在配色上进行区分，再加上阴影效果可以进一步地使其凸显，如图 3-13 所示。

图 3-11 用配色来标识行为召唤按钮

图 3-12 少即是多

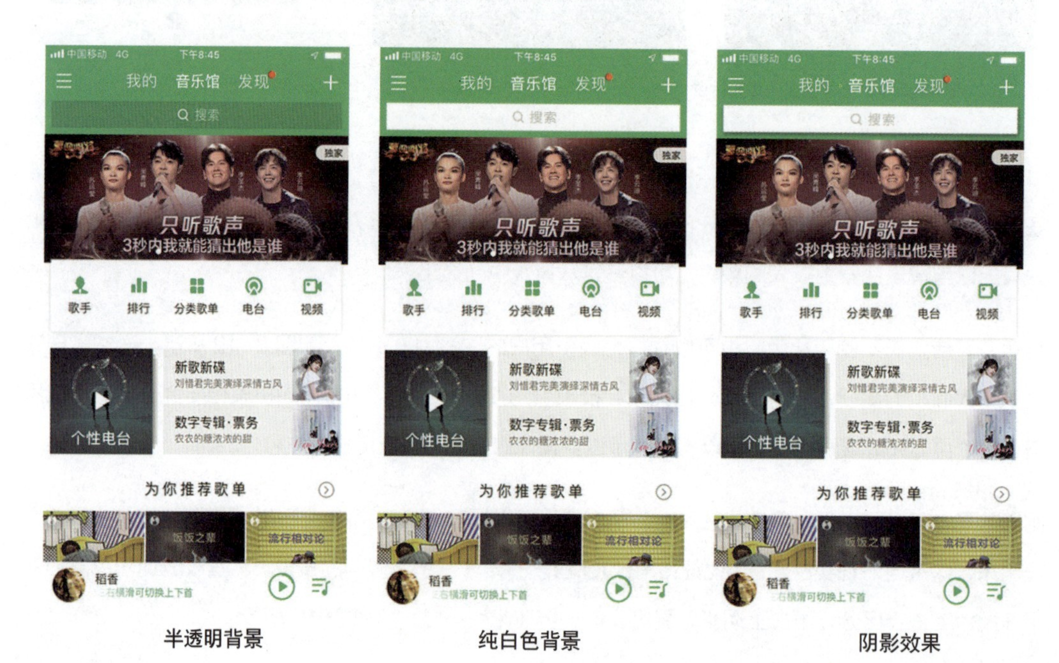

图 3-13 阴影效果

当然，我们还可以使用模糊效果来吸引用户的注意力。用户总是会不由自主地被焦点部分吸引，而忽视被虚化的部分。人眼的对焦机制好像一个调节器，可以捕捉那些离你忽远忽近的物体，这样才能让你感受到周围一切事物的深度和距离。设计师可以根据这个理论，将界面中一些不重要的内容进行模糊处理以凸显那些重要的内容，如图 3-14 所示。

图 3-14　对背景进行模糊处理可以让用户的视线聚焦

4. 为什么是色彩

通过上面的分析我们可以发现，色彩的三大主要功能都可以通过其他的替代元素来完成，这从根本上给我们推行极简主义配色的设计理念提供了先决条件。我们都明白色彩是可以被替代的，但是替代的关系是相互的，为什么是你替代我而不是我替代你呢?

人类在回忆所看过的场景和事物时，对色彩的记忆度要高于形态。也就是说，从视觉角度来看，一款**产品给用户留下最深的印象往往是其整体的配色。**我们经常说黑色、白色、灰色是永不过时的配色，为什么？因为这 3 种颜色可以呈现事物的本质。饱和度高的配色会表达出很多主观的内容，在产品内容比较匮乏的时代，这样的配色可以让用户不会感到单调。但是现在产品中的内容越来越多，我们必须让用户的注意力聚焦于内容本身。而用户的注意力是一个有限的资源，配色又是最能吸引用户注意力的元素，所以我们首先会从配色这里下手。

3.1.2 配色规范

知道了为什么而配色，接下来就分析如何从 0 到 1 构建一款产品的配色规范。

1. 选取色彩

多伦多大学曾经做过一项调查，发现大部分用户都倾向于在一个页面中最多出现 2 ~ 3 种颜色。而**为了彰显产品的品牌基因，我们一般会选取产品的品牌色作为主色调**，这也就是说，我们还需要挑选 1 ~ 2 种颜色作为辅色。当然这也不一定，因为现在很多产品的 LOGO 中出现了两种配色，我们可以直接选用这两种颜色。以图 3-15 为例，微众银行的图标选择了以蓝色和红色为主体。所以，如果产品的 LOGO 是现成的，那么选取颜色这个步骤就会变得很简单。

互补色搭配：在色轮中（见图 3-16），处于彼此的对立面的两种颜色被叫作互补色。因为互补色的色相差距太大，所以搭配起来会形成强烈的对比效果，进而可以吸引用户的注意力。在使用互补色的时候，我们需要特别谨慎，不加节制地使用的话，就会导致页面出现“红配绿”的效果，非常刺眼。当然可能会有人说，“红配绿”的效果不一定差，微信的消息提示就是“红配绿”。这是因为微信的诉求就是希望用户感知到有新消息，如果做得不刺眼，那么用户就感知不到了。

然而在产品内部页面设计中，只有优先级最高的信息才可以考虑使用互补色来搭配。

单色搭配：也有很多产品使用单色搭配，即在整个产品的界面中，除品牌色和必要的中性色外，将其他的颜色精简到极致，如图 3-17 所示。这种做法有两个好处：

（1）避免用户的注意力被配色吸引，可以让其关注内容本身；

（2）提升用户对于品牌的感知度。

类比色搭配：除互补色搭配和单色搭配外，类比色搭配也很常见。**类比色搭配是指选用一款颜色作为主色调，将色轮中邻近的颜色作为辅色。**因为这两种颜色在色轮中相互靠得很近，所以搭配起来不会有很突兀的感觉。

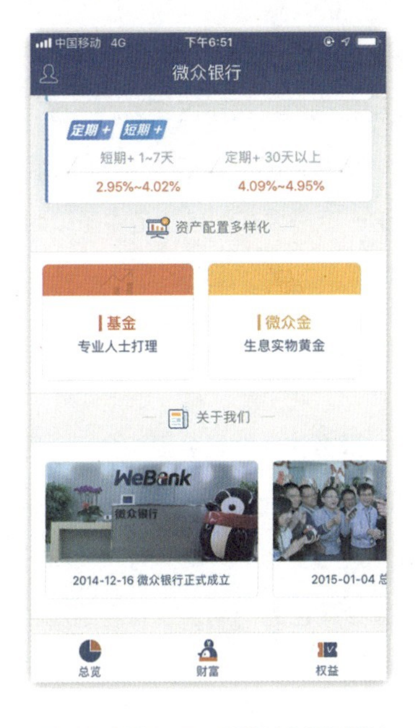

图 3-15 提取 LOGO 配色注入界面设计

图 3-16 色轮

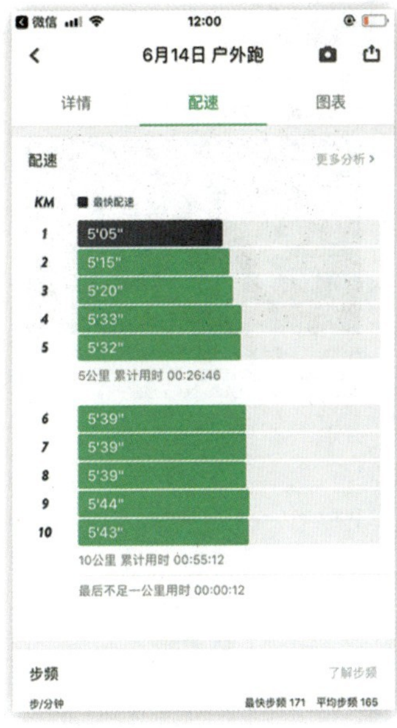

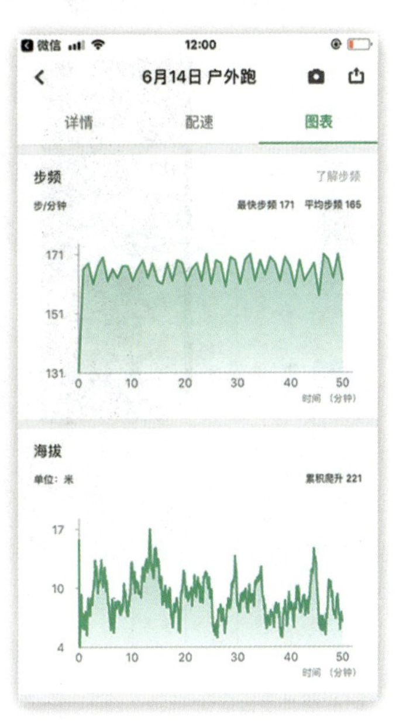

图 3-17 单色搭配

2. 主体风格

对很多设计师来说，选好主色、辅色就意味着设置好了配色规范。其实这还远远不够，我们还要确定产品的主体配色风格。什么是主体配色风格？举个例子，如果你的产品选择了单色搭配，那么在主界面中到底是选择“素雅白金”还是选择“酷炫黑金”呢？这一点需要在配色规范中予以明确，如图 3-18 所示。

对于主体配色风格，我们可以从**产品定位**和**使用场景**两个方面进行分析。

首先来说产品定位。如果你对页面的要求是可读性第一，那么浅色背景会更加合适。因为用户长时间看深色背景更容易疲劳，而浅色背景会增加页面的空间感，不会让页面显得厚重、拥挤，可以让用户更加容易将注意力集中在内容本身上。这一点在第 2 章中也提到过，即知乎的改版，对知乎用户来说，他们真正关注的是里面的“干货”，是文字，所以建议减少配色的使用，或者选用浅色系配色，从而避免吸引用户的注意力，让用户聚焦于内容，如图 3-19 所示。

图 3-18 确定主体风格

图 3-19 减少不必要的配色，让用户聚焦于内容

反过来说，如果你希望这个页面在视觉表现力上更强一点，或者说更加酷炫，那么深色背景会更加合适。因为深色背景虽然会让页面显得很厚重，但是因为其吸收了页面中其他元素的光，更有利于表现非文字形式的内容。

使用场景同样重要。在阳光照射条件下，深色背景的屏幕会反光，不利于用户阅读。所以户外使用场景较多的产品使用浅色背景更加合适；反之，在光线条件不佳的情况下，使用深色背景更加稳妥。例如，很多阅读类 APP 的夜间护眼模式就是将页面设置成了“黑底白字”。

3.2 布局

APP 与图书、杂志、报纸等传统媒介在本质上都属于信息的容器，只不过 APP 这个容器的容量要大得多，而且其中的信息分类更加复杂，包括文本、图片、视频和音乐等。不同的界面布局会极大地影响用户对于信息的感知效率。界面的布局细分起来有很多种，如果要挨个介绍，则不利于读者理解，而且也没有必要。所以，这里我把界面的布局分为两种：**列表式布局和宫格式布局**，如图 3-20 所示。

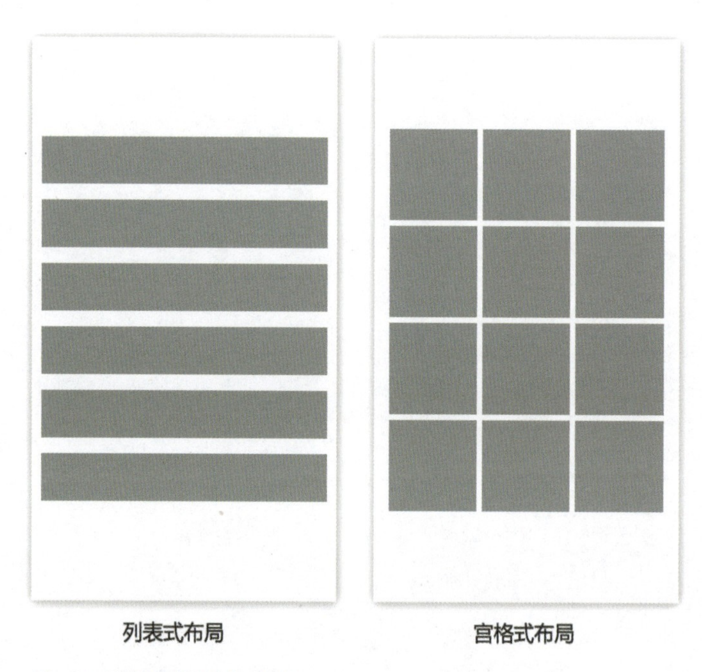

图 3-20 列表式布局和宫格式布局

不管是列表式布局还是宫格式布局，都是属于信息整合的方式。APP 就像是一本书，而且是一本大部头的书，如果不对信息进行分割及整合，那么用户很难去“阅读”。列表式布局是将信息整合成纵向的信息栏中，而宫格式布局则是将信息整合到不同的模块中，每一个模块代表了一类信息。那么列表式布局和宫格式布局最适用的场景分别是什么呢？下面从**视觉吸引力**和**可拓展性**两个方面来具体分析。

3.2.1 视觉吸引力

不知道读者有没有注意到一个现象：一般产品的一级页面大多使用宫格式布局，而二级、三级页面大多使用列表式布局。这是因为一级页面是产品的门户和“脸面”，而且又多属于功能的聚合页面，特别是首页，这就要求一级页面在展示足够多入口的同时，还要兼顾视觉上的吸引力。而以 icon、插画、图像为主要表现形式的宫格式布局在视觉设计上更容易出彩，如图 3-21 所示。列表式布局在视觉吸引力上的确弱了一点，经常会被“吐槽”不好看。

图 3-21 宫格式布局在视觉设计上更容易出彩

在相同的空间里，宫格式布局可以展示更多的入口，如图 3-22 所示。以底部动作栏为例，如果采用宫格式布局，则可以轻松地展示 8 个选项。但是如果采用列表式布局，则最多只能展示 5 ~ 6 个选项。

此外，宫格式布局更可以表现信息的优先级，我们可以通过更改宫格的尺寸来调整用户的注意力分布。而列表式布局更显得中规中矩，在表现信息的重要程度上显得力不从心，其只能通过更改信息的排列次序来表现信息的优先级。

歌曲详情

分享歌曲

图 3-22 宫格式布局可以展示更多的入口

3.2.2 可拓展性

宫格式布局最大的缺点就是可拓展性差。什么是可拓展性？在产品设计中，可拓展性就是为了应对将来未知的改变。一个产品的布局不会因为功能的改变而发生巨大的变化。

布局的改变一般来自功能的改变，因为产品是由一个个功能组成的。功能的改变可以被分为两类：**数量的改变和状态的改变**。当然，这里不涉及具体的功能设计，只是探讨功能入口的展示。

以金刚区为例，不管其布局是 2×5 样式还是 3×4 样式，如果想单独新增一个功能，则界面就会失衡。当然，我们可以进行分页，这就意味着有一些功能需要用户滑动页面才能看到，具有一定的风险，如图 3-23 所示。

列表式布局就没有这方面的顾虑，它可以在不影响界面布局的情况下，无限制地增加新功能入口。例如，在微信的“个人中心”页中，根据用户等级不同，所展示的功能也不一样，这里使用列表式布局更加合适，如图 3-24 所示。

图 3-23 分页功能会导致有一些功能需要用户滑动页面才能看到

图 3-24 用户可以手动设置“发现”功能，不影响界面布局

上面说的是功能数量的改变，接下来介绍功能状态的改变。其实功能状态的改变又可以被分为外部状态改变和内部状态改变。

外部状态改变主要指产品层面的变化，针对的是 C 端产品。对 C 端产品来说，定期组织营销活动来吸引用户肯定是必不可少的。在这种情况下，我们需要对页面的元素进行处理，使其适应不同的活动氛围。从这个方面来说，我们可以发现为什么宫格式布局更容易受各大电商平台的青睐，因为它可以根据不同的活动配置一套完全不同的 icon，灵活多变。这种通过改变状态来打造营销氛围的能力是列表式布局所不具备的，如图 3-25 所示。

图 3-25 针对不同的活动，配置不同风格的 icon

对于一级页面的设计，我还有一个建议：千万不要随意把功能入口放在顶部栏上。因为对一些小功能的迭代来说，入口放在哪里都一样，用户能看到最好，看不到也无所谓。但是，如果要上线一些层级比较高的功能，又不想打乱界面的原有布局，则最好放到顶部栏上。特别是当页面中还没有搜索、城市定位、分享、筛选、通知等全局功能时，一定要把顶部栏的位置空出来。

3.2.3 信息量

列表式布局所占的页面空间更大，因此可以承载更多的信息量。以图 3–26 所示的日历为例，此时做了一个拆红包活动，如果采用以 icon 为主的宫格式布局，则只能加一个“拆红包”的角标；如果采用列表式布局，可以直接展示金额，更能起到刺激用户的作用。

图 3-26　列表式布局可以展示红包金额，更能刺激用户

此外，我曾想过：如果微信的聊天列表界面改成了宫格式布局，那么会怎么样? 这样的改动可以让用户在一屏内看到更多的好友；但是用户无法像现在一样预览消息。此外，微信用户可以通过消息预览得知这是一条文字信息还是语音信息，抑或是红包、音乐、小程序等。如果使用了宫格式布局，则我们只能通过不同样式的角标来进行区分，但是还是无法让用户看到具体的信息内容。当然我们可以选择放大单个宫格的尺寸，给予信息更多的展示空间。可是这样做的话，一屏内展示的好友数量就会减少，那么宫格式布局最大的优点也就不复存在了，所以这里使用列表式布局，如图 3–27 所示。

此外，还有一个问题，收到最新消息的好友的头像肯定会跳转到页面的左上角，不同于列表式布局直线型的上下移动，宫格式布局的这种上下左右式移动对用户来说并不是一个好的体验。

图 3-27 如果微信的好友列表改成宫格式布局会如何呢？

3.3 文字

文字是界面设计中不可或缺的一个部分，如果缺少文字，那么用户就无法获得准确的信息。前段时间我去体检，医院墙上的显示屏引起了我的注意：为什么有的人的名字前面有咖啡杯图标，有的人没有（见图 3-28）？后来问了护士才明白，有咖啡杯图标意味着你可以去吃早饭了，接下来的体检项目不要求空腹。在这里，用户很难通过一个咖啡杯图标领会这层意思，不如加上“可就餐”的文字更直接。

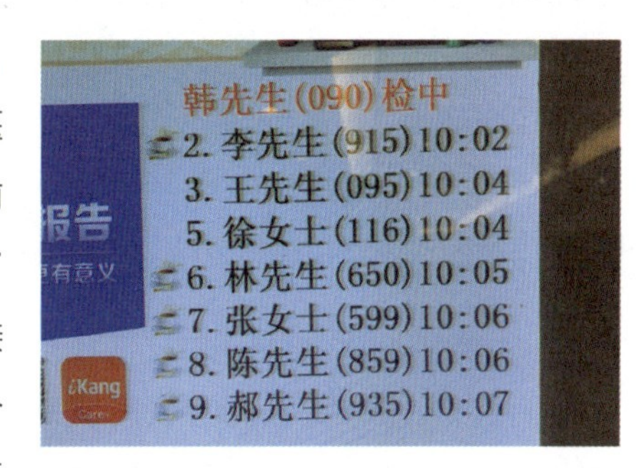

图 3-28 咖啡杯图标代表什么意思？

以上这个例子不是个例，就以底部栏菜单来说，不管你的 icon 画得多么传神，大多数产品还是会在 icon 底部加上文字说明。**这是因为具象的元素可以让用户更快地感知信息，但是无法保证精确性。**

制定一套字体规范一直都很困难，因为产品中出现文字的场景实在是太多了。但是，如果你要制定字体规范，就必须要把产品中的文字梳理一遍。在这里，我将产品中的文字主要分为四类：**标题类、正文类、提示类和交互类。**

3.3.1 标题类文字

首先来说标题类文字。标题，顾名思义就是要让用户在短时间内了解界面中的大致内容，其讲究简洁明了。在 APP 中，标题一般有**顶部栏标题、底部栏标题、列表标题、表单标题**等。不同类别的标题代表了不同的等级，而我们一般选择使用不同的**字色**和**字号**来区分不同等级的标题，如图 3-29 所示。例如，顶部栏标题的等级最高，所以字号最大，甚至会改变字重，例如从 Regular 调整到 Bold。

标题类文字配色相对来说比较简单，选项比较少，一般只会使用**深灰色**或者**品牌色**，如图 3-30 所示。标题虽然很重要，但是也不能过于抢眼。

根据重要性程度，我们可以把标题分为不同的层级，一般来说，层级越低的标题，颜色越浅，字号也越小。深浅的搭配可以给界面带来意想不到的效果。

样式	使用场景	字号大小	字色
字体样式	导航栏标题	32px	#2f2f2f
字体样式	次标题	28px	#2f2f2f
字体样式	正文	24px	#8d8d8d
字体样式	说明提示类	20px	#c2c2c2

图 3-29 字体样式

图 3-30 文字配色

例如，在微信的好友列表和聊天界面中，用户名和聊天记录的文字颜色深浅设置正好是反过来的，如图 3-31 所示。这其实也很好理解：在好友列表中，用户关注的是好友是谁，而在聊天界面中，用户更关注的是好友说了什么。所以，这里用深浅不同的文字来帮助用户加以区分。

很少有产品会将标题的颜色设为品牌色，因为品牌色的饱和度一般都很高，将标题的颜色设为品牌色很容易分散用户的注意力，除非是底部栏菜单这种有选中状态的文字才会考虑使用品牌色，如图 3-32 所示。

图 3-31 用深浅不同的文字帮助用户加以区分

图 3-32 未选中 / 选中状态

3.3.2 正文类文字

正文类文字是给用户提供详细说明和解释的，正文类文字的配色要比标题类文字浅一些，字号也会小一些。这样的设置主要是从两方面来考虑：一是因为用户对正文都不太感兴趣，很少去读，所以我们没有必要在这里使用配色来吸引他们的注意力。二是因为正文的字数一般比较多，所以小字号会更加合适，而且过于花哨的配色会让用户在长时间阅读后容易造成视觉疲劳，如图 3-33 所示。

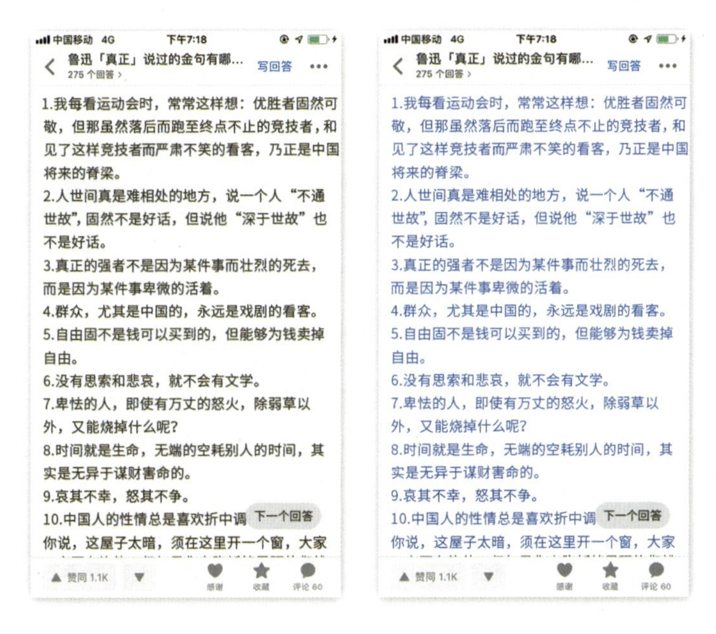

图 3-33　正文类文字

正文尽量不要使用衬线字体，因为正文字号一般较小，有的设备显示器的像素不足以表现小字体上细小的衬线，会出现锯齿效果，对易读性影响很大。

3.3.3 提示类文字

提示类文字，顾名思义就是要给用户以引导和提示。这就意味着提示类文字要足够显眼。如果用户都注意不到文字，还怎么提示呢？当然，这里的显眼是相对来说的。

提示类文字的一个主要用途就是给用户展示当前的状态。我们来设想一个场景：你在一个理财平台上购买了一款理财产品。在不同的时间段内，产品会有不同的状态。你看到这款理财产品的收益率不错，于是投资了 3000 元，这时的状态是“确认中”；过了几天，这个产品开始起息，进入“起息中”状态；又过了一段时间，你临时有事急需用钱，就把产品转让给别人，又会依次进入“转让中”和“转让成功”状态，如图 3-34 所示。

图 3-34 状态过多的情况，使用文字进行标识

对于不同的状态，我们需要在设计上加以区分，以帮助用户更好地识别。一般常见的方法就是使用不同的配色来进行区分，但是这只适用于产品状态较少的情况。如果你的产品状态过多，每一个状态都配以一种颜色，那么整个产品界面就会显得很乱。

如果使用 icon 来进行区分呢？也不太合适，因为这些状态过于抽象，具象元素很难表现。例如，你准备使用哪两个 icon 来表现“确认中”和“起息中”的状态？在这种场景下，我们只能使用文案。

最常见的状态就是“成功”和“失败”，一般来说，用户都默认为“成功”状态为绿色，“失败”状态为红色。当然，现在把品牌色用于“成功”状态也很常见。这里就会出现一个问题，如果你的产品主色调恰好是红色，那么这个时候就可能会让用户混淆。

3.3.4 交互类文字

接下来谈谈交互类文字。交互类文字，简单地说，就是能够让用户点击操作的文字。交互类文字和按钮其实有很多共同点，首先它们都支持点击跳转，也都可以展示状态的切换。交互类文字与按钮相比更加轻量化，适用于极简设计风格。

交互类文字设计的首要目标是让用户觉得你的文字是可以点击的。要达到这个效果主要的办法有以下三个。

1. 使用配色

目前来说，用户都会觉得带有颜色的文字都是可以点击的，比如品牌色，如图 3-35 所示。

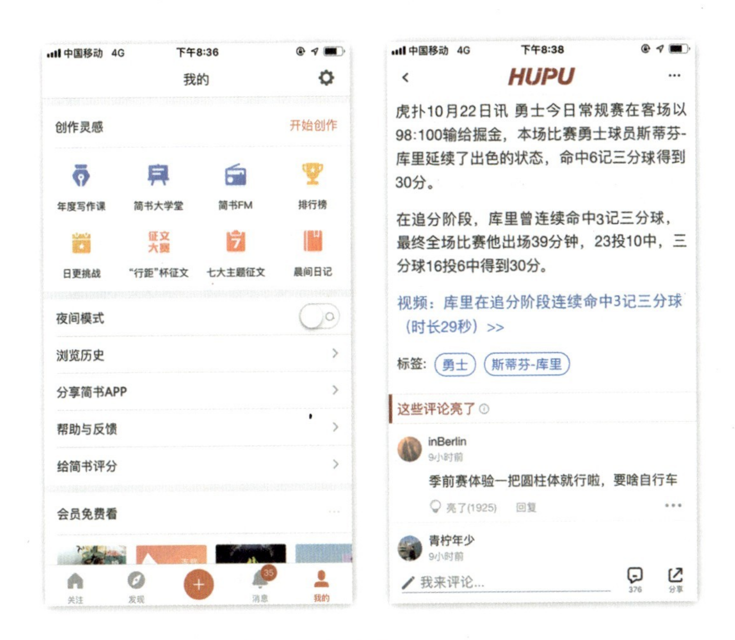

图 3-35 什么配色的文字会让用户认为是可点击的？

当然，如果你觉得界面中的品牌色出现过于频繁，那么还可以使用蓝色。蓝色在配色领域绝对是“万金油”，不管你的产品界面主色系是什么，用户一看到蓝色文字就会明白是可以点击的。

2. icon

文字 +icon 的组合也可以让用户产生点击的欲望。以知乎为例，如图 3-36 所示，对于左图所示的帖子，用户只能看到回答者和内容简介，这里显示的“点赞”和“评论”都是纯文字，用户无法直接点赞，但是进入页面以后，它们成了 icon+ 文字的样式，在这里用户可以直接点赞、评论、打赏和收藏。

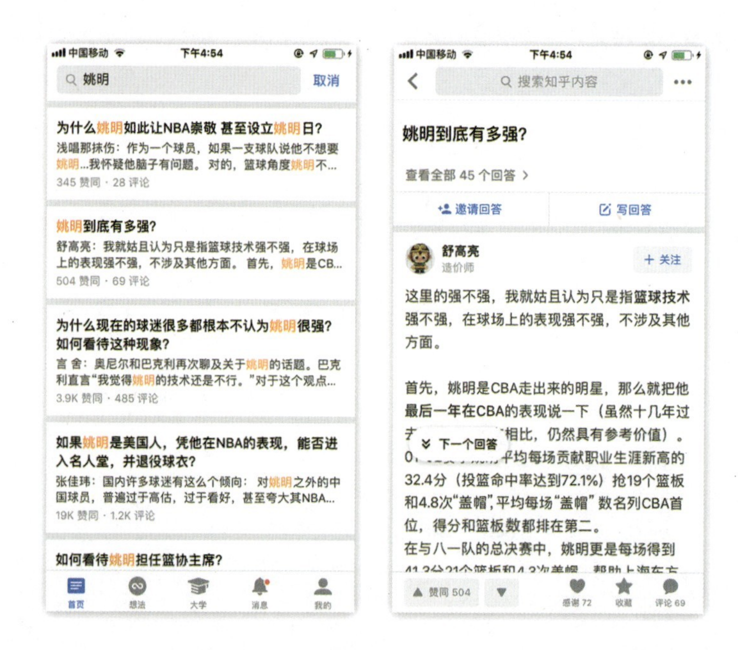

图 3-36 文字 +icon 会增加用户的点击欲望

3. 行为召唤语句

我们会遇到一些情况，既不能使用配色，也不能使用 icon 样式。例如，在登录界面中，我们希望用户的注意力在“登录”按钮上，所以下方的“忘记密码”和“快速注册”按钮要弱化。弱化了还能让用户认为它们是可点击的吗？当然可以，只要你用文字进行行为召唤，多使用动词就可以了。

3.3.5 文案的力量

前面提到的主要是文案的视觉设计规范，仅有这些是不够的。在平时使用产品的过程中，我发现大部分产品中的文案都存在以下三个主要问题。

1. 用户视角

文案的撰写最重要也是最基本的原则就是让用户看得懂。相信这一点大家都知道，却总是容易犯错。我们写文案的时候特别喜欢盲目地带入用户视角，秉持着一种“我即用户”的观点——这个文案我能看懂，那么用户也能看懂。例如，在产品功能迭代的时候，要在 App Store 中写明最新版本的功能改动点。如果直接写“华为手机集成华为手机盾”，则没有用户能看得懂这句话是什么意思。要记住，文案面向的是用户，不是写给自己看的。

这种以自己为中心的思想直接体现在文案里。如果用户输错手势密码，那么我们就不能笼统地告诉用户“手势密码错误”或者“密码错误，每天只能输错 3 次”，而是应该让用户随时感知到自己的剩余输入次数。如图 3-37 所示，“实名信息不正确”是什么意思？是身份证号错误还是银行卡号错误？“获取用户开户状态失败”又是什么意思？

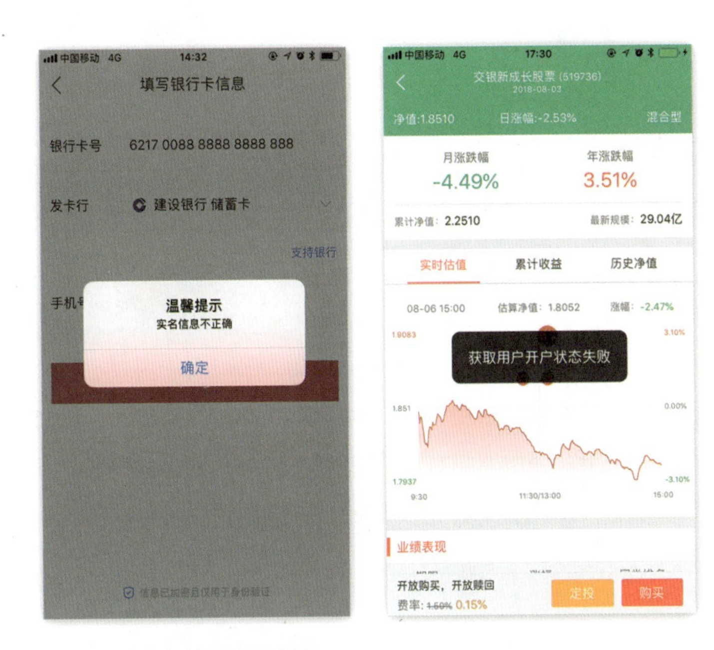

图 3-37　文案应该确保用户可以看懂

2. 语气

我们一直提倡产品要有温度，减少“机械感”。如果用户进行人脸识别成功，反馈的文案是“活体检测成功”，则给用户的感觉是自己在跟一个冷冰冰的机器进行交流。如果文案可以使用朋友之间对话的口吻，那么这会在无意之间提升产品的用户友好度，拉近与用户之间的距离，让用户会更容易接受这款产品。

如果用户完成一项任务，则可以鼓励用户“做得好”，而不是冷冰冰地通知用户“任务完成”。这样具有温度的文案会让产品与用户建立良性的情感联系。

我们经常会遇到一些报错场景，如果直接使用报错文案“An error occurred（出错了）”，则这样肯定是不行的。**文案也应该展示产品的特性**。例如，在网易漫画APP的空页面中配的文案就很俏皮，模拟了“二次元萌妹”的语气，很好地起到了让用户愉悦的作用，如图3-38所示。

图3-38 文案需要体现产品调性

3. 一致性

文案的一致性经常会被大家所忽视，这在第1章中也提到了。不只是文案，一致性原则的实现一直都是一个难题。举一个例子，同样的报错提示有好几种表述方式，如“建议稍后再试”“请稍后重试”“请你稍后重试”和“稍后重试”，不管我们最终选择哪个，一定要保持一致。

3.4 图标

图标绘制属于 UI 设计师的基本功，毕竟在很多人眼里，UI 设计师平时最主要的工作就是画图标。所以，如果图标这关过不了，则很难称得上是合格的 UI 设计师。

3.4.1 可识别性

图标是一种语言，可以用来沟通与交流，不同的是，这里的信息载体不是文字而是图形。既然是语言，那么我们评价图标的首要标准就是可识别性——**用户能否在极短的时间内，很容易地破译你的信息。**如今是扁平化的时代，我们不可能把图标画得很写实。那么如何让你的图标更容易被用户识别呢？

首先要勾勒出图标的大致形状，因为形状是一个图标的基本结构，相当于骨架。新手设计师容易犯的一个毛病就是一上来就喜欢抠细节，而此时图标的结构都没有搭好，这种做法无疑是本末倒置的。在图标设计的初始阶段，我们要先用圆形、矩形和三角形这些基本的几何形状将图标的大致形状勾勒出来。

任何一个图标都可以被分解成三个主要的几何形状——圆形、矩形和三角形，如图 3-39 所示。如果一个图标的结构太过复杂，就会增加用户的识别成本，因为我们的大脑都习惯处理结构简单的图形。当然也不能一概而论，对一些追求写实风格的图标来说，这套理论肯定是不适用的。

图 3-39 图标结构越简单越好

3.4.2 网格

图标设计在形状设计这一步容易犯的一个错误是大小不一致。所谓“不以规矩，不能成方圆”，为了规范化图标设计，可以引入网格来帮助我们。网格可以分为两个区域：**内容区和留白区**，如图 3-40 所示。可能会有人不明白，为什么要弄得这么麻烦，直接画一个矩形框不就完了吗？这是因为很多图标都是非规则图形。对于非规则图形，我们不能要求得太过于死板，例如要求它绝对不能越过边框，这个要求明显是不合理的。

此外，即使图标都是规则图形，也不能直接使用。可以看一下图 3-41 所示的例子，乍一看我们会觉得正方形比圆形要大一些。但是当添加一条参考线时，就会发现这两个图形的高度和宽度都是一样的，这就是视觉误差所带来的效果。

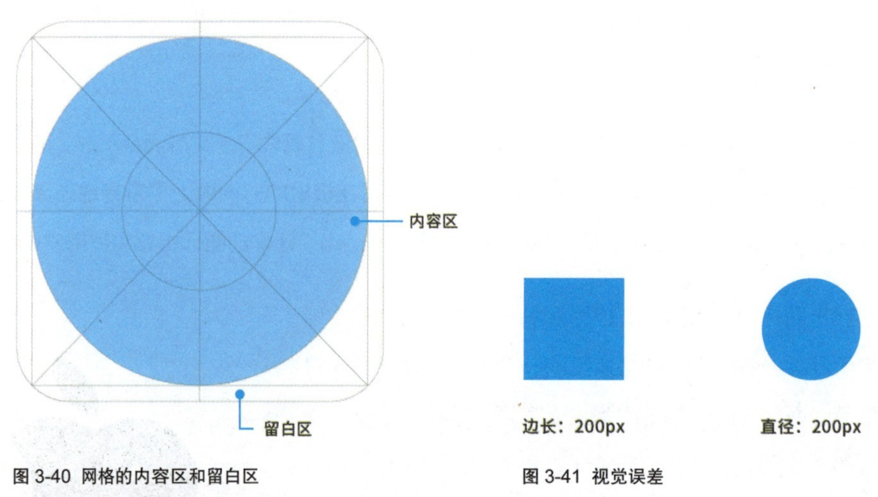

图 3-40 网格的内容区和留白区

图 3-41 视觉误差

因此，我们所追求的不是绝对意义上的尺寸的一致性，而是视觉权重的一致性。如图 3-42 所示，以微信里的图标为例，“游戏”图标使用了镂空的效果，这导致在相同尺寸下，其视觉权重要低于“购物”图标，所以我们就要适当地增大“游戏”图标的尺寸。

这里再教读者一个检查图标的视觉权重是否一致的方法。把图标进行高斯模糊处理，如果它们看起来差不多大，就可以判断它们的视觉权重是一致的，如图 3-43 所示。

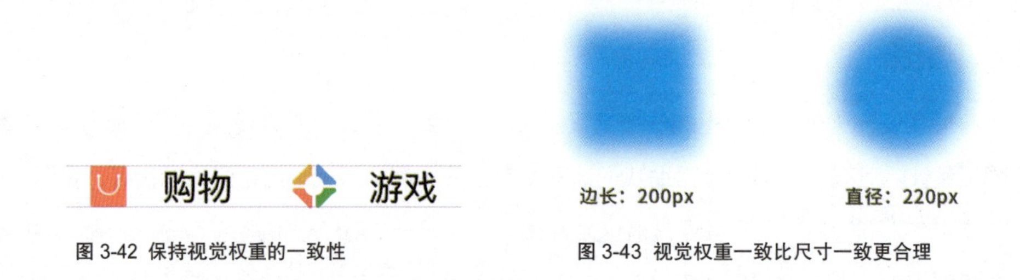

图 3-42 保持视觉权重的一致性

图 3-43 视觉权重一致比尺寸一致更合理

3.4.3 视觉统一

图标从来都不是作为个体而存在的。当我们绘制完一款产品的全部图标时，会发现这其实相当于设计了一套图标库。而在图标库中，我们把**每个图标共有的元素的集合称为图标的视觉统一**。这些共有的元素可能是视觉风格（线形、面形或者线面结合）、圆角、线宽（描边）、配色和阴影等，如图 3-44 所示。

图 3-44　图标的共有元素

当我们要绘制一整套图标时，首先就要确定整体的配色方案：是纯色还是渐变色？描边是多少像素？圆角是多少像素？在节假日期间，我们要在图标设计中融入节假日元素。例如国庆节来临了，将国徽这个元素融入图标设计中（见图 3-44 下图）。

3.5 按钮

按钮脱胎于现实生活中的按键，是用户与界面交互最重要的控件。但是大多数人对于按钮设计的理解还停留在很浅显的阶段，这也很容易理解，因为按钮的样式无非就是矩形框 + 文字。随便新建一个矩形框，写上文字，居中对齐，一个按钮就制作完成了。要设计好按钮，首先我们需要对按钮进行一次解构。组成按钮的元素可以分为形状、填充和内容，如图 3-45 所示，接下来我们逐个进行解析。

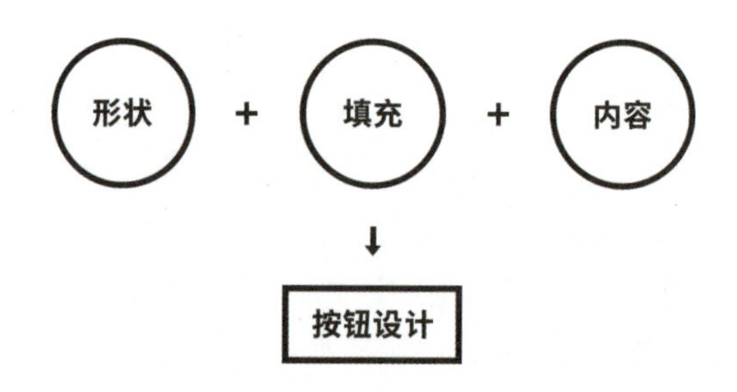

图 3-45 按钮的三大元素

3.5.1 形状

就像前面提到的，按钮脱胎于现实生活中的按键，而按键一般都是方方正正的。所以，从视觉样式上来说，按钮最主要的形状就是矩形和圆角矩形，具体选用哪种样式，可以根据品牌基因加以确定。如果你的产品 LOGO 的视觉特征是圆润光滑的，那么按钮的形状可以选择圆角矩形。当然不管选择何种样式，都要保持统一，不能这里用了圆角矩形，那里直接用了矩形，这样的低级错误要尽量避免，如图 3-46 所示。

图 3-46 按钮的主要样式

（圆角）矩形只是普通按钮的样式，对于一些特殊的按钮，我们在视觉样式上可以做一些突破。例如，在很多产品中，都可以看到浮动按钮（Floating Action Button）的身影。一般浮动按钮所代表的都是热门功能，例如，虎扑 APP 中的“发帖”功能，链家 APP 中的“地图找房”功能，如图 3-47 所示。这两个按钮都选择圆形作为背景框。为什么选择圆形？我的理解是，因为这两个界面中的内容都是以矩形模块进行划分的，如果这里的按钮还做成矩形样式，那么很难从背景中凸显出来。这样一来，热门功能就无法吸引用户的注意力。除此之外，浮动按钮还要加上阴影效果，从而可以拉近与用户之间的距离。

图 3-47　浮动按钮

关于浮动按钮，这里需要再延伸一点，对于推特 APP 中的“发帖”功能，在安卓手机中使用的是浮动按钮，在 iOS 手机中却被放在界面的右上角，如图 3–48 所示。这是因为浮动按钮本身就属于 MD 设计规范中的组件，在 iOS 设计规范中并没有类似的组件。所以推特 APP 的这种做法完全遵循了 MD 和 iOS 各自的设计规范，没有什么问题。但这也并不是说，浮动按钮乃至 MD 设计规范里的组件只能在安卓手机中使用，以前面提到的虎扑 APP 和链家 APP 为例，在 iOS 手机中，它们依然使用了浮动按钮。其实现在 MD 和 iOS 设计规范的界限正在不断被打破，只要可以提升产品的用户体验，相互借鉴也是可以的。

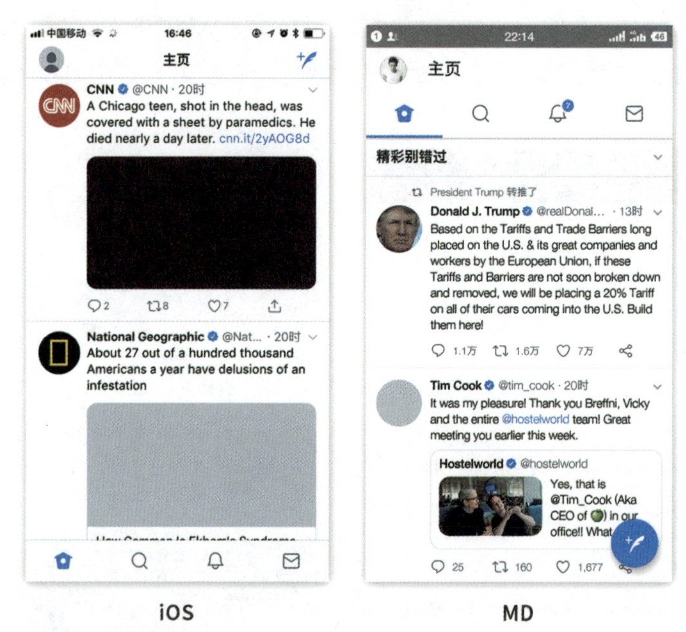

图 3-48　推特 APP 的发帖按钮

3.5.2 填充

是选择线状按钮、面状按钮还是选择文字按钮？其实这种争论不仅仅存在于按钮设计中，还存在于 icon、tab 和标签等样式设计中。面状和线状代表不同的设计理念。我们都知道，面状元素在界面中更容易吸引用户的注意力，而线状元素强调的是轻量化。具体到按钮上，简单来说就是面状按钮更能吸引用户的注意力，具有更强的可点击性。下面可以看一个例子。

在知乎 APP 中，当用户刚点击打开一篇文章时，其“关注”按钮是面状的，填充的是知乎的品牌色——蓝色。但是当用户滑动页面时，“关注”按钮变成了文字按钮样式，如图 3-49 所示。这是因为当用户刚进入这个页面的时候，为了增加用户的黏性，知乎希望用户可以关注该作者的专栏以便查看更多的文章。但是当用户滑动页面的时候，就意味着其进入了阅读模式，如果此时还使用面状按钮，就会把用户的注意力从内容中分散出来，影响用户阅读。

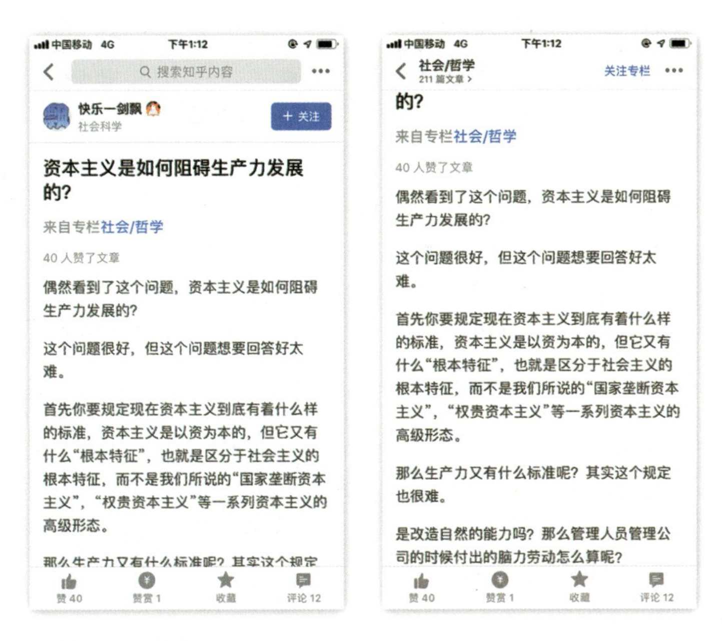

图 3-49　不同的状态，不同的样式

下面再来看一个例子。如图 3-50 所示，在喜马拉雅 FM APP 这个界面中的“录音”按钮其实看起来特别突兀，导致整个界面都显得有点不协调。但是设计师的目的达到了——显眼。为了提升用户的参与度，他们肯定很希望用户在喜马拉雅 FM APP 里上传自己的录音作品，因此就必须要做到足够显眼。对这个界面进行高斯模糊处理后，发现视觉焦点就在这个“录音”按钮上，所以“突兀”算什么，就怕不突兀呢！

因此，相比面状按钮，线状按钮更适合展示次要的功能。特别是当一个界面中出现一对按钮组的时候，用面状按钮表现重要的功能，用线状按钮表现次要的功能是最常见的搭配方式之一。

如果要对一个功能进行弱化，那么仅仅使用线状按钮是不够的。例如，对于“退出登录”功能，我们肯定不希望用户轻易就发现。可是，即使我们选择使用线状按钮进行弱化，用户也能轻易就发现。这是因为按钮与其他的元素相比，在形式上存在着巨大的差异，很容易被识别出来。所以，在某些情况下，我们要把按钮做成与其他元素一样的样式，隐藏于背景之中，这样用户就不那么容易发现了，如图 3-51 所示。

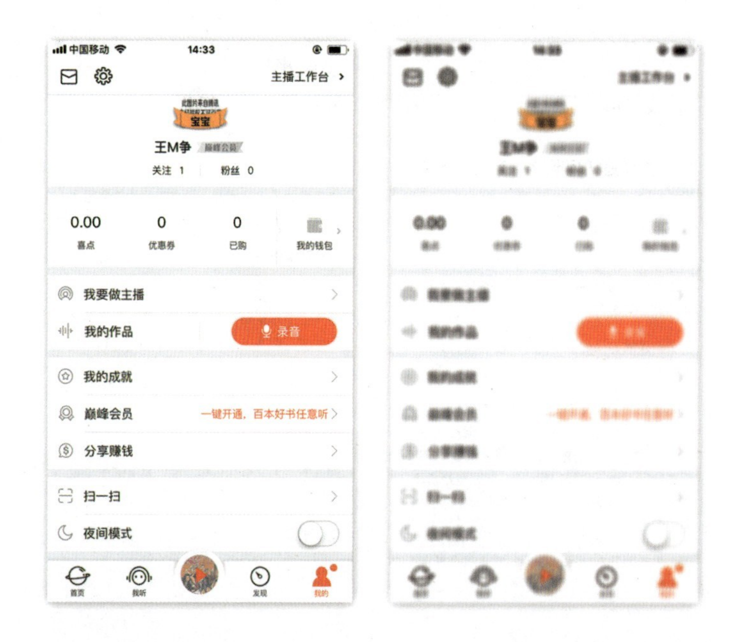

图 3-50 块状按钮更能吸引用户的注意力

图 3-51 弱化“退出登录”按钮

功能的优先级不是决定是使用面状按钮还是线状按钮的唯一标准，还要考虑产品的品牌基因。以淘宝 APP 为例，其界面采用的是渐变色填充，所以其按钮也是填充了渐变色，如图 3-53 左图所示。抖音 APP 中的“发布视频”按钮设置的样式风格与其 LOGO 一样，如图 3-52 右图所示。

图 3-52 按钮样式风格与产品的品牌基因一致

3.5.3 内容

按钮中的内容可以分为两类：文案和 icon，这里我们需要注意的是 icon。因为有些 icon 不是对称的元素，在布局的时候我们不能简单地居中对齐。例如，网易云音乐 APP 中的关注按钮，你会发现其左边的间距要大于右边。这是因为“添加”icon 在视觉权重要强于文字，如果直接居中对齐会给用户一种左重右轻的感觉。为了视觉平衡，左边的间距应该适度地加大，如图 3-53 所示。

图 3-53 “关注”按钮

3.5.4 状态

按钮是用户使用最频繁的控件，很多的操作流程都是通过按钮触发的。按钮的作用更多的是“录入”，而不是“反馈”。但是，我们可以改变按钮的形态让用户感知到系统当前的状态，这样按钮既可以“录入”也可以“反馈”。之前按钮 + 弹框组合在一起才能完成的功能现在使用一个按钮就能完成，从而让产品的界面更加轻量化。

下面思考一个问题：如果明确当前的功能无法使用，其入口可以假设为按钮，那么该按钮是应该设置为灰色，还是设置为常态的用户点击之后弹出对话框报错呢?

以支付宝 APP 的提现场景为例，假设一个用户打算把其支付宝账户中的钱转出到自己的银行卡里，此时其支付宝账户余额只有 5 万元，但是他输入了 55 万元，输入框立刻校验出错误，并且在下方给予文字提示。可是此时界面底部的“确认转出”按钮依然是可点击状态，用户点击之后，会弹出一个对话框提示用户“转出金额超限”（跟下方提示文字一样），如图 3-54 左边两张图所示。

可以看出，这里的对话框的存在意义并不大，因为错误信息已经通过输入框下方的文字进行了传达。对于同样的场景，京东金融 APP 采用的方法是将按钮设置为灰色，使用户不可点击。我比较推崇京东金融 APP 的设计方式，将按钮设置为灰色已经告知了用户当前按钮不可点击，避免用户的无效操作，如图 3-54 右图所示。

图 3-54 如果输入框信息校验不通过，则按钮被置为灰色

在网易云音乐 APP 中，如果你想关注一个账号，点击“关注”文字按钮后，按钮会变成“成功”的样式，

最后消失。整个关注过程完全通过按钮自身的形态变化来完成信息的传达，不需要出现一个“关注成功”的 toast 来提示用户。最后按钮消失也是一个很好的设置，用户如果想取消关注就必须点击进入个人主页，增加了取消关注的难度，从而可以减少关注度的下降，如图 3-55 所示。

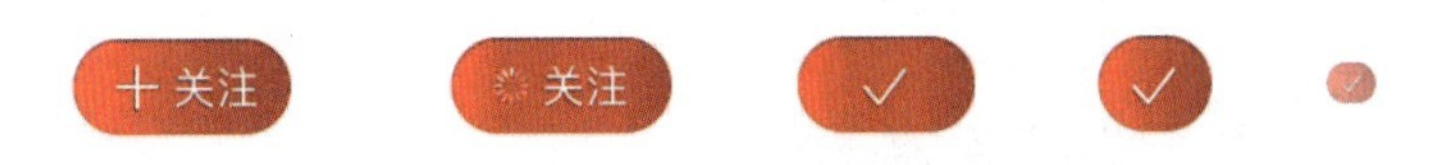

网易云音乐关注动画

图 3-55　按钮完成信息的反馈

3.5.5 按钮组

按钮组，顾名思义就是指两个或两个以上的按钮排布在一起。为了了解按钮组的使用场景，我们首先需要思考一个问题：什么时候会使用按钮组?

通过按钮组的样式我们可以看出，常见的按钮组是供用户进行**判断**（两个选项）或者**选择**（两个以上选项）的。

首先来说按钮组中只有两个按钮的情况。一般来说，在两个按钮中肯定有一个拥有更高的优先级或者说更希望用户去点击，那么我们可以在样式设计上进行区分。

在微信 APP 中，“取消”按钮的背景色是灰色，如图 3-56 左图所示，而在淘宝 APP 中，则直接将“取消”按钮设置成了文字按钮，如图 3-56 右图所示。这样的对比设置可以让用户很快找到“确认登录”按钮，进而完成登录操作，提升了操作效率。

其实可以让用户进行判断操作的组件还有开关。开关又被称为 switch，也是一个很常见的组件，用于在**两种相互对立的状态之间的切换，多用于表示功能的开启和关闭。**按钮组可以同时展示两个选项，而开关一次只能展示一个选项。此外，开关的开启可能会带来相应的后续操作，例如，你在设置里开启了“音效”功能，那么就需要对音效模式进行进一步的设置。而按钮组不会出现这些后续操作，这也是按钮组和开关的一个主要区别，如图 3-57 所示。

图 3-56 主要按钮和次要按钮

图 3-57 开关

以前，大多数人家里的灯的开关都是由拉绳控制的。拉绳开关有一个缺点就是在停电的时候，你不知道当前的灯是开了还是关了。所以，开关设置必须要让用户明确自己当前所处的状态，以及清楚操作后的结果。

其次，当按钮组中有三个或者三个以上选项的时候，我们应该怎么处理呢？

其实可以将这种出现多个选项的按钮组样式看成单选 / 多选按钮的一个变形。只不过现在传统的单选 / 多选按钮很难满足当前的设计需要，用户渴望更加新颖、多变的按钮样式。特别是在选项过多的情况下，按钮的优势就凸显出来了，如图 3-58 所示。

单选按钮

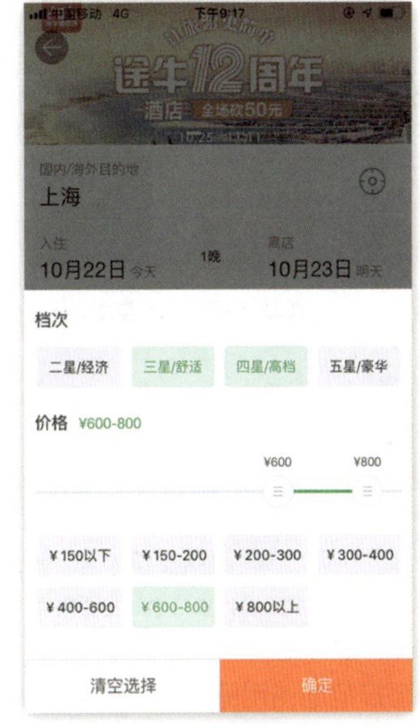

多选按钮

图 3-58　单选按钮和多选按钮

3.6 间距

很多时候，我们会觉得自己的作品非常平庸或者“看起来特别模糊”，这其中大部分原因就是配色、字体和间距的对比没有做好。这些看起来简单，但是做起来很难。就像很多人学了不少的设计理论，但是依旧设计不出好的产品一样。

配色和字体的对比一直都很受大家的重视。在制定设计规范的时候，我们首先会确定产品的主色调和辅助色。对于文字，不同级别的文字（标题类、正文类、提示类）需要选择不同的字号和字色，这些都会出现在设计规范中。然而，我很少看到有人在设计规范里提到间距，所以从这个角度来看，间距经常会被我们忽视，如图 3-59 所示。

图 3-59 配色和文字是设计规范中的主要内容

如果想了解间距乃至规范地使用间距，首先我们要明白为什么要使用间距。间距的使用有三个主要作用：**可以吸引用户的注意力、提升内容的可读性、阐述元素之间的关系**。其实间距的作用可以简单地被归纳成一句话：**通过建立视觉层级来简化界面内容，让用户更容易接受。**

3.6.1 块内间距和块外间距

从位置的角度来说，我们可以将间距分为两种：**一种用于区分不同的内容块；另一种用于区分内容块内的信息**。为了表述方便，我们在这里称它们为：**块内间距和块外间距**。

从信息层级的角度来说，**级别越高的内容，其间距越大。**因为越重要的内容就需要吸引用户越多的注意力，因此，为了更好地进行区分，块内间距都是小于块外间距的。

以 Airbnb APP 为例，因为从信息层级的角度来说，一个房源（内容块）的级别要比其介绍信息高得多，所以每个房源之间的间距要大于房间图片、位置、价格介绍信息的间距。

图 3-60 中左图所示的界面是正常的，右图所示的界面被我处理过了（使其块内间距和块外间距一样大）。我们可以很明显地发现，右图所示的界面会给用户带来困扰：他们不知道“日式原木风”公寓到底是上面这张图还是下面这张图。

我们也可以发现，其实块内间距因为其内部信息层级的差异会被进行二次区分，也就是说块内间距也不是都一样的，如图 3-61 所示。

块外间距>块内间距

块外间距=块内间距

图 3-60　块内间距大于块外间距

信息的层级决定了间距

图 3-61　信息层级越高，间距越大

间距尽量选择 8 或者 12 的倍数，这样与不同手机机型适配起来会很方便，上面提到的 Airbnb APP 使用的间距就都是 12 的倍数（12、24、36、48px 等）。当然，不一定非要是 8 或者 12 的倍数，当界面中的元素比较紧凑时，可以考虑使用 4 的倍数，例如京东金融 APP 使用的就是 8、16、24、32px。

行间距会对文字的易读性产生很大的影响。这里的行间距主要是指文字之间的高度间距，我们称为行高。行高过大或过小都不利于用户阅读，如图 3-62 所示。一般来说，将行高设为字符高度的 30% 是比较合适的。

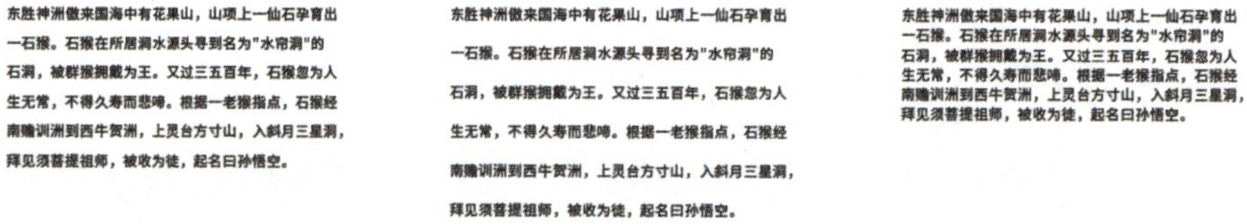

东胜神洲傲来国海中有花果山，山项上一仙石孕育出一石猴。石猴在所居洞水源头寻到名为"水帘洞"的石洞，被群猴拥戴为王。又过三五百年，石猴忽为人生无常，不得久寿而悲啼。根据一老猴指点，石猴经南赡训洲到西牛贺洲，上灵台方寸山，入斜月三星洞，拜见须菩提祖师，被收为徒，起名曰孙悟空。

东胜神洲傲来国海中有花果山，山项上一仙石孕育出一石猴。石猴在所居洞水源头寻到名为"水帘洞"的石洞，被群猴拥戴为王。又过三五百年，石猴忽为人生无常，不得久寿而悲啼。根据一老猴指点，石猴经南赡训洲到西牛贺洲，上灵台方寸山，入斜月三星洞，拜见须菩提祖师，被收为徒，起名曰孙悟空。

东胜神洲傲来国海中有花果山，山项上一仙石孕育出一石猴。石猴在所居洞水源头寻到名为"水帘洞"的石洞，被群猴拥戴为王。又过三五百年，石猴忽为人生无常，不得久寿而悲啼。根据一老猴指点，石猴经南赡训洲到西牛贺洲，上灵台方寸山，入斜月三星洞，拜见须菩提祖师，被收为徒，起名曰孙悟空。

图 3-62 文字间距

3.6.2 间距与分割线

间距的一个主要作用就是内容区分。说到内容区分，就不得不提分割线。因为分割线在界面设计中的主要功能也是完成内容区分。随着极简主义设计风格的兴起，去线化设计也开始成为设计中的一个潮流，设计师开始使用间距（留白）来取代分割线以完成内容区分。所以，弄懂间距和分割线之间的关系是非常有必要的。

分割线可以分为两种：**通栏分割线和非通栏分割线**。

通栏分割线就是指分割线贯穿整个屏幕，而非通栏分割线一般会留有缺口。要了解这两种分割线的区别，可以看一看虎扑 APP。在虎扑 APP 之前的版本中使用的就是通栏分割线，而在其最新的版本中则改成了非通栏分割线，如图 3-63 所示。

通栏分割线因为“分割”了整个屏幕，所以在内容区分方面效果更加明显，更能表现不同的模块之间的独立性。但是它的缺点在于线条的存在会阻碍用户的浏览视线，影响信息的获取效率。

可能会有人说，既然线条的存在会影响信息的获取效率，那么为什么不去掉线条呢？可以直接用间距来完成视觉区分，也就是我们常说的“去线化”设计。例如，前面提到 Airbnb APP 中的房源搜索结果页就是采用的去线化设计，让信息得到了合理的区分，界面显得非常干净整洁，如图 3-64 所示。

似乎间距可以完美地替代分割线。先别着急下结论，我们再看一个例子。如图 3-65 所示，我把微信朋友圈中的分割线去掉了，读者可以观察一下前后的区别。

图 3-63　虎扑 APP 由通栏分割线改成非通栏分割线

图 3-64　Airbnb APP 中的去线化设计

我们可以发现，去掉线条后，朋友圈的界面会显得很杂乱。这是因为朋友圈中的内容类别有很多，用户可以发纯文字动态信息，分享歌曲、视频和文章。用户上传照片的张数不一样，展示的效果也是不一样的。而在 Airbnb APP 中，房源图片的尺寸和风格，文字的大小都恪守着严格的规则，整个界面有规律可循。所以，我们可以把分割线看成是一堵墙，它可以把杂乱无序的信息强行归类，而对本来信息布局就很有条理的页面来说，我们完全可以考虑去除分割线，转而使用间距。

其实线条和间距并不是对立的关系，在同一个界面中，我们也会同时看到线条和间距，如图 3-66 所示。

3.6.3 间距的替代品

对设计元素进行归纳及总结的能力决定了你的设计水平上限。同样的用户提示功能，你可能只知道单一地使用对话框，然而优秀的设计师会根据提示强度的不同和是否需要用户操作来选择是使用对话框、Toast 还是 Snackbar，从而建立一套完善的用户提示体系。

同样的道理，我们都知道间距可以很好地区分内容，要完成内容区分，其实也不一定非要使用间距。除已经介绍过的分割线外，我们同样可以使用配色、阴影、图案等完成内容区分。

图 3-65 “去线化”的微信朋友圈

图 3-66 线条与间距

例如，在图 3-67 左图中，其实间距已经很好地完成了信息层级的构建，但是整个界面显得比较单调。我们可以引入图标和配色来强化不同内容之间的对比，从而使整个界面更加有层次。这里的图标其实起的是标题的作用。

图 3-67 引入图标和配色来强化不同内容之间的对比

3.6.4 慎用间距

本节虽然介绍的是如何更好地使用间距，但是对于间距的使用，我觉得还是要慎重一点。因为如果要通过放大间距来区分信息的层级，那么会出现大量的留白，整个界面也会显得特别清爽。但是老板可能会不高兴，在不懂设计的老板眼中，页面的内容量等于设计师的工作量：这个页面怎么这么空？你是不是偷懒了？再加一点东西进去，让整个界面充实起来！

当然这是调侃，我使用间距时最忌讳的就是增加页面的长度。因为一旦拉开间距，势必会造成页面长度的增加，以前一屏就可以展示的内容，现在需要滑动页面才能看完，以网易云音乐 APP 6.0 这次的改版来说，其歌曲列表页采用“去线化”设计，整个界面的确清爽了很多。但是之前歌曲栏目的高度是 86px，现在是 96px，如图 3-68 所示。我们需要调研我们的目标用户是更青睐清爽的界面（多留白）还是更简单的操作（少滑动），我们会明显发现“去线化”设计开始成为一种潮流。难道用户都愿意为了界面美观而愿意多滑动吗？并不是，“去线化”设计大行其道的一个重要原因是现在手机屏幕越来越大了，所以相对来说用户并不会增加滑动页面的次数。

图 3-68　间距会增加页面的长度

设计师根要想设计出好的产品，就要把自己代入用户的角色中，但是也不要“代表”用户，根据自己的臆想做设计，觉得这个界面好看就行了。但是好看对用户来说不一定好用。现在很少有设计师能参与用户调研，所以在工作中，我们的一些想法无法得到数据的验证。这也是现阶段大部分设计师的一个痛点。

3.7 插画

插画在产品设计中的地位越来越高，这一点从插画师的工资中就能体现出来。

3.7.1 提升信息传达效率

用户对于具象元素的感知能力远高于文字，为了提升内容的易读性，可以使用插画。以谷歌日历 APP 为例，如果我要做瑜伽，就会在日程详情页中配一个瑜伽垫的插画；如果我要跑步，就会配一幅跑鞋的插画，如图 3–69 所示。我甚至不用看文字，通过插画上所描绘的场景就可以知道自己接下来的行程。换言之，插画在这里替代了传统意义上“标题”的作用，不过这种象形结合的“标题”更加高效。

插画更能传递情绪，例如我们一般会给一个营销活动配一条推送消息，而所有的活动都是通过创建使用场景，使用户产生诉求的。如果这里只使用文字，那么用户需要通过文字进行联想来感知这个场景，直接配上插画则省去了联想的过程，让用户更容易感知，推送消息的打开率也会更高，如图 3–70 所示。

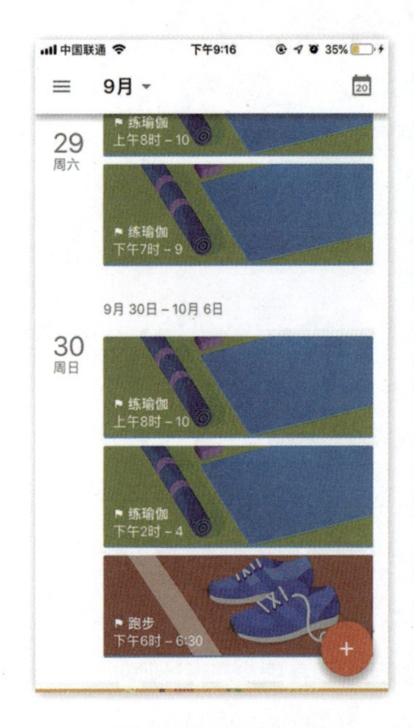

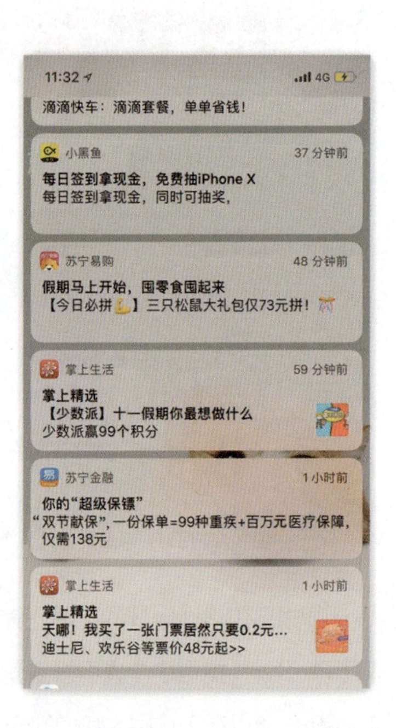

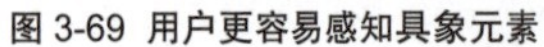

图 3-69 用户更容易感知具象元素

图 3-70 插画可以传递情绪

3.7.2 插画 or 图像

具象元素不仅可以更好地传达信息，还能吸引用户的注意力。那么插画能够做的事情，图像（摄影图）也能做到吗？并不完全能。

插画比图像应用更广泛的一个原因是，插画在 UI 设计中更具有实际意义。因为无论是插画还是图像，都是为了让用户更好地感知页面中的内容，而现在页面中的内容正在变得越来越抽象，图像很难直接表现出来。

很多设计师开始摒弃了照片，因为用户在看到一张照片时，只要主角不是自己，他们就很难产生关联感。如果图 3-71 中所示的双人共舞的场景是由真人出演的，那么关联感就会减弱，因为那个人不是用户自己。相比图像，用户对于插画更具有代入感。

图 3-71　插画更具有代入感（作者：李春岩）

而且插画可以展示照片不方便表现的事物。例如，我们给小朋友做一期科普红斑狼疮的 H5 页面，如果直接给小朋友展示现实生活中红斑狼疮病人的照片，则可能会引起他们的不适，而插画可以对病人进行卡通化处理。

3.7.3 尺寸比例

常见的插画 / 图像尺寸比例有 1:1、3:2、4:3 和 16:9，如图 3-72 所示。

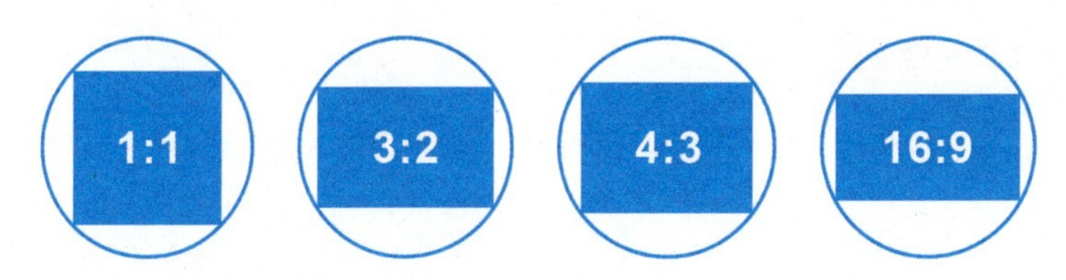

图 3-72 常见的插画 / 图像尺寸比例

如果你想突出展示内容的主体，那么可以优先考虑使用 1:1 的尺寸比例，也就是正方形构图。其实使用正方形构图拍摄的电影也不少，例如冯小刚导演的《我不是潘金莲》。正方形构图的优势在于它十分容易把叙事中心放在人物身上，观众会不自觉地把注意力集中于人物跟着人物入戏，对人物的一颦一笑魂牵梦绕。在淘宝、京东和苏宁 APP 的商品详情页中，商品图片使用的是 1:1 的尺寸比例，突出表现商品的详情信息，如图 3–73 所示。

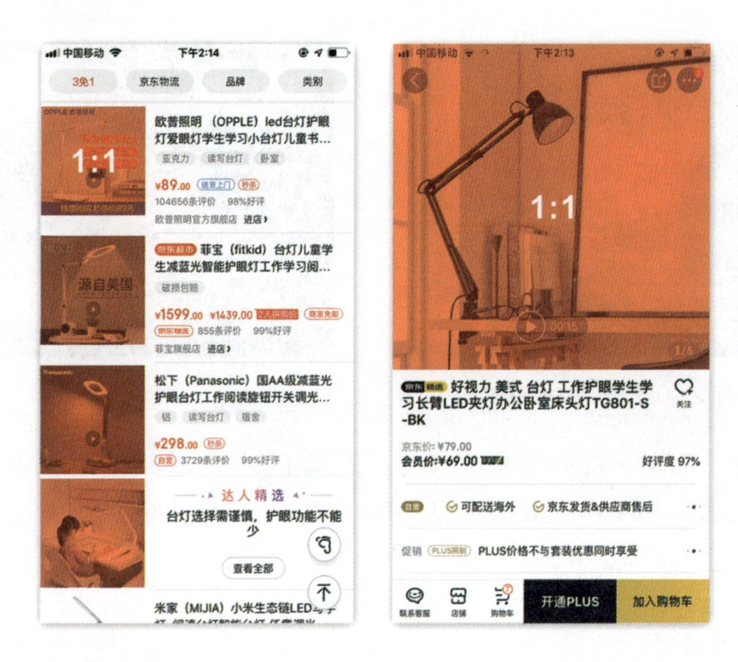

图 3-73 1:1 的尺寸比例

3:2 和 4:3 的尺寸比例比较相近，其实它们与使用的摄影器材有很大的关系。专业摄影器材拍摄的照片比例是 3:2，而小型摄影器材拍摄的照片比例是 4:3，例如 iPhone 默认拍摄出来的照片比例就是 4:3。

随着小型摄影器材拍摄精度的日益提高，加之其本身用户量巨大，4:3 的尺寸比例在界面设计中应该会越来越常见，如图 3–74 所示。

图 3-74　3:2 和 4:3 的尺寸比例

16:9 这个尺寸比例读者应该很熟悉，因为现在主流手机的屏幕比都是 16:9。为什么是 16:9？因为根据人体工程学的研究，人的两只眼睛的视野范围是一个长宽比例为 16 ：9 的长方形，所以电视、显示器行业都根据这个黄金比例设计产品。16:9 的配图在视频类 APP 中应用得最多，因为 16:9 是电影的常见构图比例，使用 16:9 更符合用户的浏览习惯，如图 3–75 所示。

以上列举的只是插画常见的尺寸比例，并不是说所有的插画或者图像都只能按照这些尺寸比例来做，例如很多产品的 Banner 的尺寸比例都超过了 16:9。

图 3-75 16:9 的尺寸比例

3.8 动画

越来越多的设计师将动画作为一种功能性的元素，用来提升产品的用户体验。在 APP 中合理地穿插一些小动画，对我们来说就像是眼睛的“甜点”一样，我们不自觉地就会被它们吸引。

任何设计元素的特性都是来自于其自身的差异性。动画与其他元素的最大区别在于其具有连续性。连续性意味着什么？用户与产品进行交互是一个动态的过程，其他元素可以让用户感知到状态 A 和状态 B，但是动画可以演示这个过程，让用户感知到从状态 A 到状态 B 究竟发生了什么，具体的路径是什么。

3.8.1 引导

对交互过程进行动态演示可以阐述不同元素之间的联系，可以引导用户，减少用户的学习成本。例如，在 Mac 电脑中，当用户点击“最小化应用程序”按钮时，这个应用程序被隐藏的过程会通过动画来展示。用户就会明白这个应用程序被隐藏在程序栏中，下次在那里就可以再次打开，如图 3-76 所示。动画在这里起到了指引的作用。

类似的例子还有用户点击“添加购物车”按钮时，如图 3-77 所示，这里做了一个商品“跳进”购物车的动画。如果没有这个动画，直接就让购物车图标右上角的数字由 17 变为 18，则这样的反馈显得很单薄，而且过渡得很生硬。

在信息的传递上，动画比静态信息更容易被用户感知，我们要善于利用这一点。例如，如图 3-78 所示，在用户使用指纹解锁时，如果指纹验证不正确，则“再试一次”文字会左右晃动。这个效果会让用户联想到人的摆手和摇头，而这些都代表着“no”，用户不用看具体的报错文案也能明白解锁失败。

对新用户来说，我们会为其准备一些操作引导，而某些操作使用静态的图片很难表达出来。这个时候可以使用动画演示整个操作过程，让用户更容易理解，如图 3-79 所示。

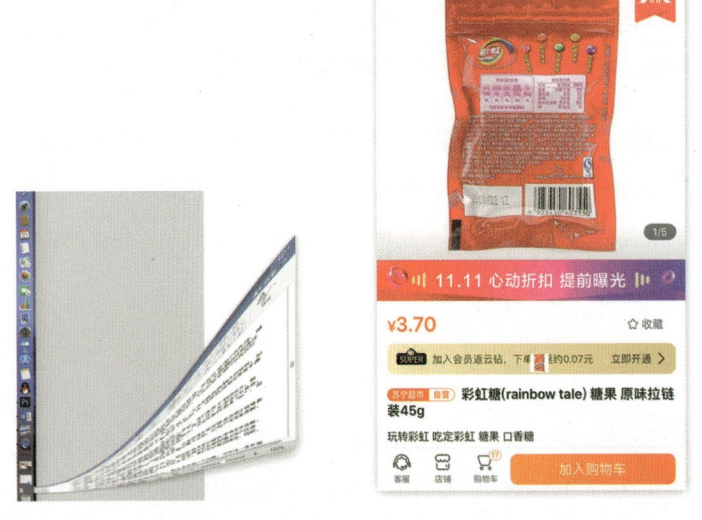

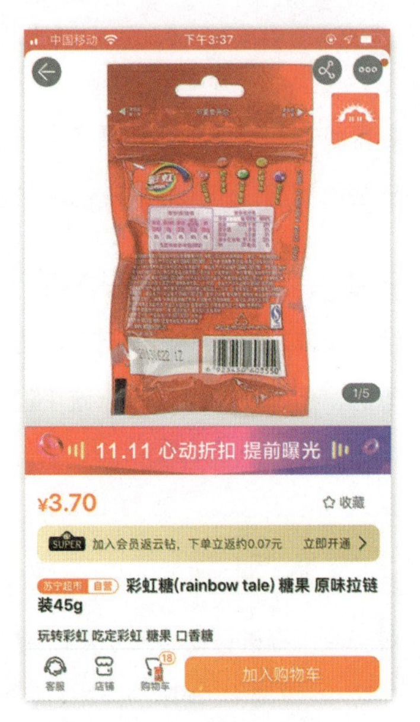

图 3-76 Mac 中最小化应用程序的动画效果　图 3-77 动画使过渡更加自然

图 3-78 “再试一次”对话框左右晃动

图 3-79 使用动画引导用户操作

3.8.2 吸引用户的注意力

设计师在布局一个页面的时候就应该考虑页面的流量分发问题。**所谓流量分发，对用户来说也就是注意力分发。**用户的注意力是一个稀缺的资源，应该合理分配。从视觉样式上来说，**与背景产生差异性才会吸引用户的注意力**，例如在红色背景中使用绿色字体会非常显眼；在页面中都是静态元素的前提下，使用一些动画可以有效地吸引用户的注意力。当然也会有人说，吸引用户的注意力的方法太多了，可以使用配色、间距、阴影等，什么时候应该使用动画呢？

使用配色、间距、阴影等方法来进行视觉区分是一个静止的方法，它们会一直在那里。什么意思？当我们进入喜马拉雅 FM APP 的账号页面时，产品的诉求是希望用户去“录音”，所以，在其之前的版本中使用了大色块按钮来吸引用户的注意力，如图 3-80 左图所示。这种大色块的确可以达到吸引用户的注意力的目的，但是这种样式会很突兀，使页面的结构失衡。

在喜马拉雅 FM APP 新的版本中，使用了波纹动画来吸引用户的注意力，如图 3-80 右图所示。值得注意的是，波纹动画在这里只出现一次，然后就不会再出现了，除非用户下次重新进入账号页面，从而避免对用户造成无谓的干扰。这个诉求就很明显：**对于某些优先级并不是非常高的功能，我们没有必要通过修改配色和界面布局来吸引用户的注意力，可以考虑使用动画来完成一次性地吸引用户的注意力任务。**

图 3-80 使用动画来吸引用户的注意力

3.8.3 转场过渡

转场是电影中的术语，指不同场景之间的过渡和转换。我们经常在一些电影中看到前一个场景结尾的镜头与下一个场景开头的镜头相同，这样做就是为了保证观众视觉的连续性，如图 3–81 所示。转场的理论同样可以被应用到产品中，产品中的场景指的是不同的状态，**而我们经常会使用两种完全不同的元素来展示不同的状态**，这就会导致用户视觉流的中断。

图 3-81 电影《神话》中的转场

例如，你要关注一个用户，常见的流程是点击“关注”按钮，然后弹出一个弹框通知你“关注成功”。这里完成了从“未关注”到“已关注”的状态转换，元素由按钮变成了弹框，破坏了用户视觉的连续性。**如果用户通过触发按钮这个元素完成状态的转换，为什么我们需要通过弹框来告知用户状态的变更。按钮通过改变自身的状态也能完成信息的传递。**在网易云音乐 APP 中，如果你想关注一个用户，则点击“关注”按钮后，按钮会变成“成功”的样式，如图 3–82 所示。此时不会出现突兀的弹框来通知你，你的目光会一直停留在按钮上。

图 3-82 网易云音乐关注用户的动画效果

3.8.4 对“花瓶”说“不”

功能性动画是相对装饰性动画来说的。动画的使用会增加页面的加载负荷，拖慢手机的运行速度。如果我们要使用动画，就尽量让动画成为信息的载体，成为内容的一部分，而不只是充当“花瓶”的角色。

举个例子，如图 3–83 所示，我们用动画来表现账单的加载过程，这里使用动画完全是为了炫技。当然我不抗拒炫技，适当地炫技可以提升用户对于产品的期望值。但是这里的炫技导致用户需要等待 4s 才能看到完整的账单，这个等待时间超过了用户的可承受范围，正常的动画时间应该控制在 0.5 ~ 1s。这样以伤害用户体验为代价的炫技无疑是得不偿失的。

当然不只是动画，我们还要删减与用户任务无关的非功能性元素，只保留重要的信息，减轻用户的认知负荷。

如何判断一个设计元素的取舍呢？设计师应该问自己以下三个问题：

图 3-83　华而不实的动画

（1）这个设计元素在当前界面中是起什么作用的？能够完成什么样的功能？

（2）去掉以后是否会影响用户的正常操作？

（3）如果影响用户的正常操作，那么是否有更简洁的设计元素来替代？

之前有一个朋友问我，微博的每条动态信息下面的 icon 能否去掉，如图 3-84 所示。这里使用 icon 主要用于提升信息的可读性，因为相对于文本信息，具象元素可以更好地传达信息。但是这里的 icon 只是起到提升的作用，即使我把 icon 拿走，用户也会知道这三个是转发、评论和点赞按钮。

图 3-84　微博的每条动态信息下面的 icon

所以，这里的 icon 是可以去掉的？当然不是，我们要考虑不同的使用场景。当这条动态信息没有任何人点赞、评论、转发的时候，把 icon 去掉是没有问题的。但是一旦出现了用户互动，那么 icon 就完全取代了文字成为这个功能唯一的可识别性元素，后面的数目显示的是互动强度。

第 4 章 体　系

对用户而言，界面里的每一个元素都不是以一个独立的个体而存在的，它们相互联系，相互影响。

4.1 导航体系

图 4-1 生活中的导航

随着智能手机的兴起、移动端导航技术的成熟，导航应用程序也越来越多。如今，去一座陌生的城市，我们只需要一部带有导航功能的手机，就能做到畅行无阻。大多数导航类应用程序都有两个最基本的功能：**告诉用户当前所处的位置和规划出前往目的地的路线**（见图 4–1）。

为什么要把导航体系的概念引入互联网产品中呢？因为网站和 APP 都是用于向用户展示某些内容的，是信息的容器。从这一点来说，它们跟书本没什么区别，但是用户在读书时都是从前往后读的，是一个单向的线性流程。而网站和 APP 通过“通道”可以将不同的内容串联起来，用户可以往返于各个模块之间。简言之，因为“通道”的存在使得这些内容具有了关联性。所以，在用户使用产品的过程中，我们必须让他时刻了解：

（1）现在我在哪个页面？

（2）从哪里来到这个页面？是否可以回去？

（3）从这个页面可以到哪个页面去？

4.1.1 基本元素

导航体系的作用就是引导用户找到自己期望的内容，而查找是需要加上限定条件的，无条件地搜寻无疑是大海捞针。所以我们可以将导航的过程，看成是用户根据相应的条件筛选出自己期望内容的过程。大多数导航体系都可以被拆解成三个基本元素：tab、（下拉）列表和标签。不管产品的导航菜单有多么复杂，都可以看成这三种基本元素的不同组合形式。

1. tab

tab 是最常见的导航样式，基本上没有哪一款 APP 的界面中没有 tab。这是因为 tab 的学习成本低，一个 tab 代表一个类别，可以直接平铺地展示出来，用户很容易感知到，如图 4–2 所示。根据 tab

选中 / 未选中的状态，用户可以很清晰地知道自己当前的位置和产品的信息结构。

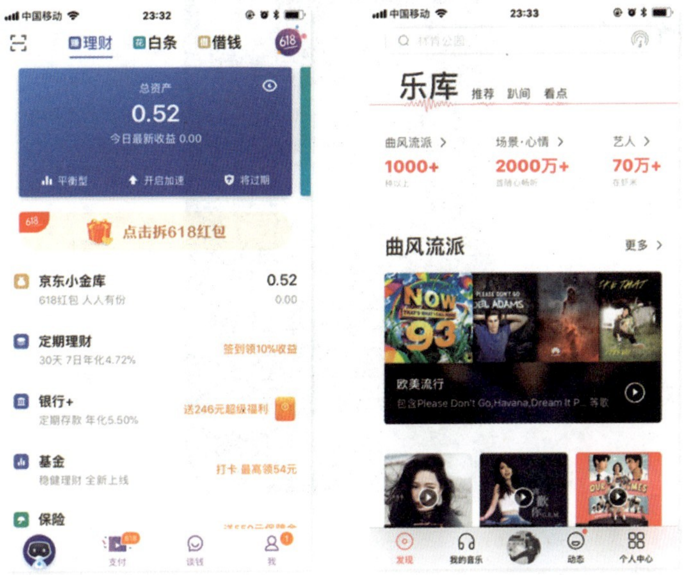

图 4-2　tab 是最常见的导航样式

根据方向，可以将 tab 分为**横向栏 tab 和侧边栏 tab**。横向栏 tab 可展示 2 ~ 5 个选项，如果超过了 5 个，就需要用户左右滑动页面才能看到。所以，当筛选维度过多时，我们可以考虑使用侧边栏 tab。例如京东 APP 中的商品分类使用的就是典型的侧边栏 tab，如图 4-3 所示。因为京东的推荐分类总共有 40 多项，如果使用横向栏 tab，则用户在不滑动页面的情况下最多只能看到“全球购”一栏，而使用侧边栏 tab，用户可以看到“内衣配饰”一栏。**使用侧边栏菜单可以在一级页面中展示更多的入口，给用户提供更多的选择空间，让流量可以有更多的渠道分散**，如图 4-3 所示。

2. 列表

列表也被称为 List，列表式多数情况下是伴随 tab 一起出现的。纯列表式导航的产品非常少，因为纯列表式导航只适合功能结构特别简单的产品。例如，QQ 邮箱就是少数没有使用 tab 做导航菜单的产品。这是因为 QQ 邮箱的核心功能流程比较单一，其主界面就可以满足用户在核心场景下的需求，不需要通过底部栏菜单在几个功能模块之间来回切换，如图 4-4 所示。

图 4-3 侧边栏 tab 可以展示更多选项

图 4-4 QQ 邮箱采用列表式作为主导航模式

与列表式导航相对应的是宫格式导航，其实 QQ 邮箱也可以使用宫格式导航。列表式布局和宫格式布局在 3.2 节已经分析过了，所以这里就不做赘述了。

3. 标签

对于标签，很难进行准确的定义，我更倾向于将单选按钮、多选按钮、Switch 等统称为标签。标签只能针对单一条件进行筛选，这一点和 tab 很类似。标签式很少单独出现，在大多数情况下都是与 tab 和列表“结伴而行”的。在淘宝 APP 里，用户可以点击视图 icon 来切换视图模式，这就是典型的标签式筛选，如图 4-5 所示。

4.1.2 组合样式

了解了导航体系最基本的组成元素，接下来看一些比较复杂的导航样式。前面提到了任何产品的导航体系都可以被看成是三个基本元素的不同组合形式。为了让大家更好地理解，下面一一举例来说明。

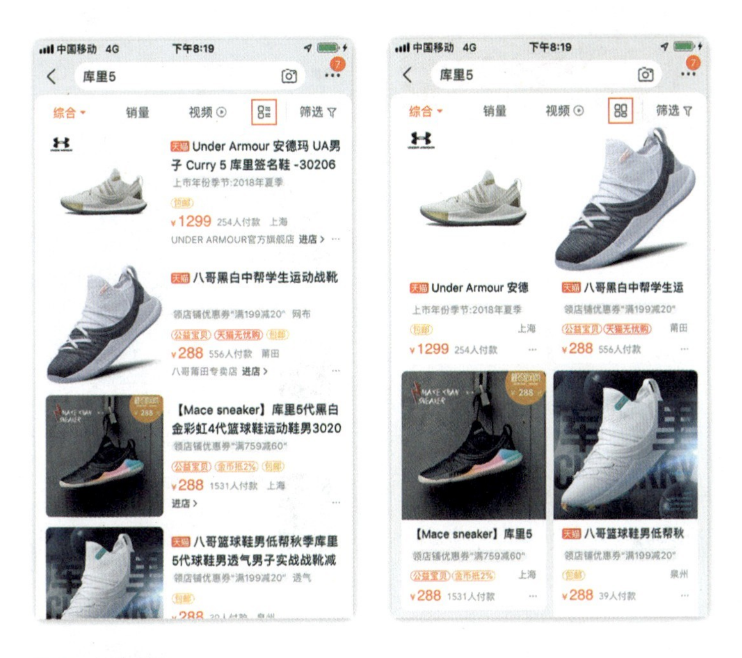

图 4-5 切换视图

1. tab+tab

tab 之所以受到青睐，是因为其学习成本低。每一个 tab 代表一个类别，而且是直接展示给用户看的，所以很多产品的筛选功能都优先使用 tab。即使功能结构复杂到无法用一层 tab 来完成筛选任务，设计师也会考虑使用双层 tab（tab+tab），当然，图 4-6 所示的页面样式应该算是 Segment Control+tab。

2. tab+ 列表

当产品不断发展，产品的功能结构越发复杂时，过于扁平化的 tab 已经无法满足导航的需求。以看电影这个场景为例，用户的需求是找到合适的影片和电影院。用户在选择电影院时，会从地址、票价、品牌和特色服务（支持改签、有 IMAX 厅等）这四个角度入手。这些复杂的筛选需求很难通过 tab 来完成，我们需要列表的协助：tab 展示维度，列表展示具体的选项，如图 4-7 所示。

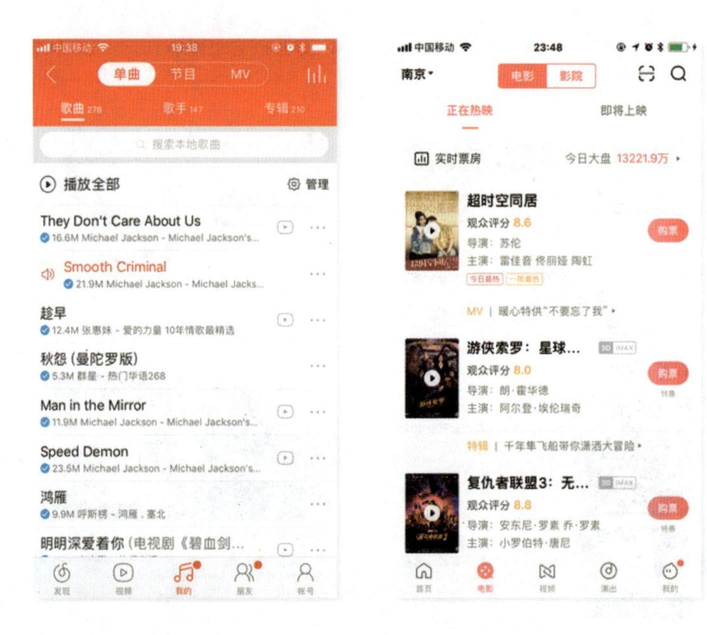

图 4-6 tab+tab 导航样式

图 4-7 tab+ 列表导航样式

3. tab+ 列表 + 标签

当产品的功能结构越来越复杂时，这也给导航体系增加了新的难题。以 Boss 直聘 APP 来说，这里的筛选项主要分为四个：排序方式（推荐 / 最新）、工作地点、公司规模、岗位要求。其中后三个筛选项包含了大量的条件，特别是工作地点，需要进一步定位到街道或地铁站。对于这种多维度、深层级的导航需求，我们可以使用 tab+ 列表 + 标签的样式，如图 4-8 所示。

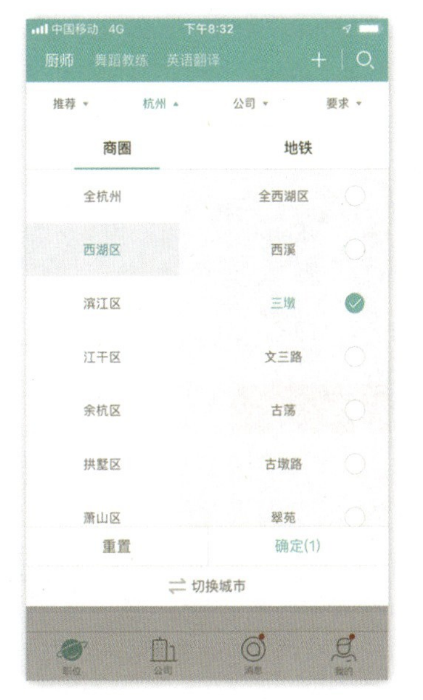

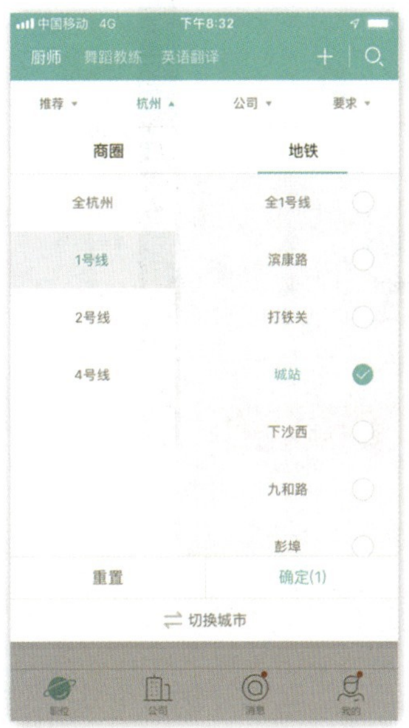

图 4-8　tab+ 列表 + 标签

4.1.3 容器

导航体系是由众多筛选项组成的，这些筛选项需要一个“容器”来承载。这个容器可以是页面，如底部菜单栏和列表式菜单栏。但是，现在产品的体量越来越大，我们必须引入一些临时视图来作为容器。

前面说的 Boss 直聘 APP 使用的是下拉列表，这种样式其实还是比较简单的，我们可以看一下一些功能更加复杂的产品，比如各大电商平台，如图 4-9 所示。这里使用的是“抽屉式”菜单栏，说它是“抽屉式”，因为它跟抽屉一样，用的时候可以拉出来，不用的时候可以收起来，节省了页面的空间。“抽屉式”菜单栏可以容纳更多的筛选条件，比如在前面提到的输入框、多选按钮在这里都可以使用。

从底部弹出的动作栏也比较常见，如图 4-10 所示，这里使用了滑块和单选按钮。

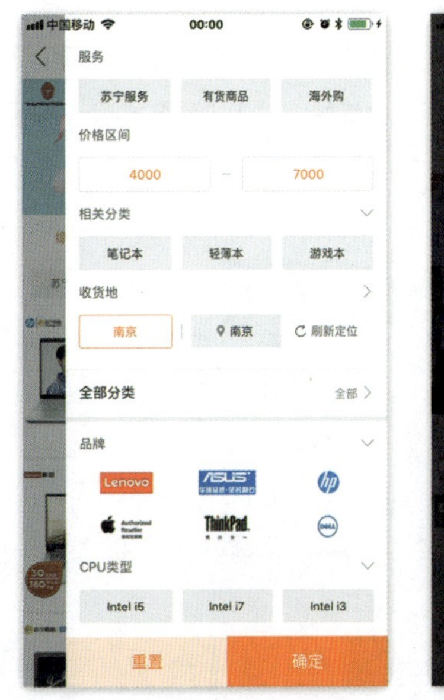

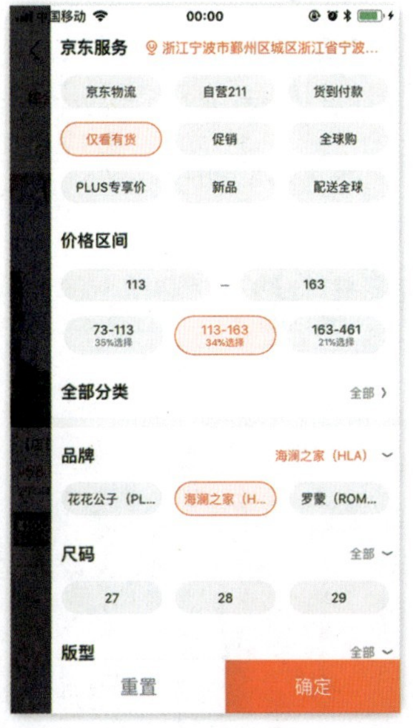

图 4-9 抽屉式菜单栏

图 4-10 使用滑块可以录入数值范围

Airbnb APP 的筛选功能以浮层为载体，这里还使用了比较少见的 Switch 和 Stepper。

Airbnb APP 的筛选功能最大的亮点在于可以向用户即时反馈筛选结果的数目，用户不太可能进入没有搜索结果的空页面，避免无效操作，如图 4-11 所示。

汉堡按钮可以作为这些容器的入口，用户点击汉堡按钮可以调出隐藏的菜单。常见的汉堡按钮是由三条水平线条构成的，很像两层面包中夹着一层肉的汉堡包，所以我们形象地称之为“汉堡按钮”，如图 4-12 所示。“汉堡按钮”是由国外设计师最先使用并命名的，如果是中国设计师发明了它，那么没准就叫“肉夹馍按钮”了。

图 4-11　实时反馈筛选结果

图 4-12　汉堡按钮

4.2 搜索功能

2017 年，我在整理我们的产品在第一季度用户反馈的问题时发现，很多用户都提出疑问："为什么你们的产品没有搜索功能？"其实用户对于搜索功能的诉求追根溯源是因为现在一款产品中所包含的内容量太大了，内容越多，用户的学习和操作成本就越高。从这一点来说，搜索功能与导航功能其实很相似，都是为了帮助用户更快地找到期望的功能或内容，两者的区别在于搜索功能对于位置的定位更加快速和精确。

搜索功能的建立不仅可以为用户带来方便，也可以让设计师或者产品经理了解自己的产品究竟有哪些内容。其实很多设计师工作的时间也不短了，但是对于其产品所包含的内容和功能可能还不完全了解。

举一个例子，在微信中搜索"迈克尔·杰克逊"时，搜索结果中会出现名称中带有"迈克尔·杰克逊"的群／好友、关注的公众号、聊天记录，还有收藏文章。当打开"更多"页面后，还会看到关于"迈克尔·杰克逊"的新闻资讯、表情包、音乐等。如果你刚使用微信，通过这个搜索结果，你就会对微信可以提供的服务有大致的了解。所以说，通过建立搜索功能可以帮助用户很好地了解产品，如图 4-13 所示。

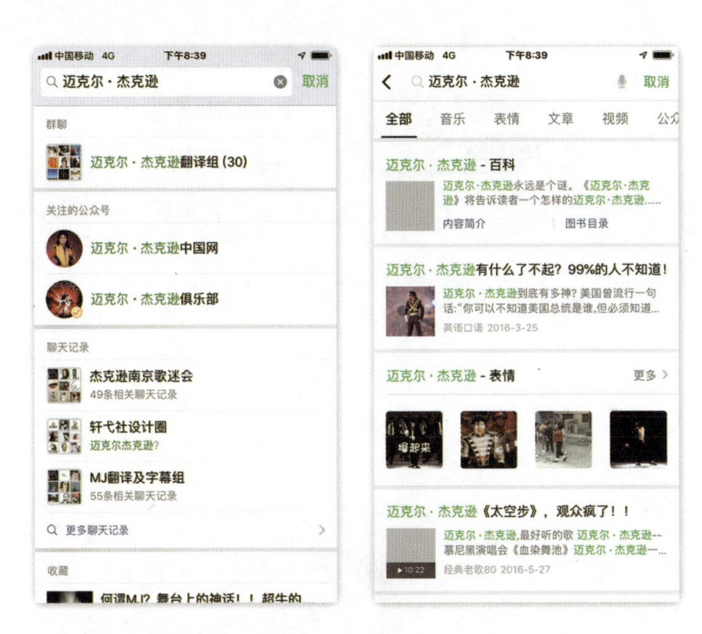

图 4-13 搜索功能可以帮助用户更快地了解产品

知道了搜索功能的必要性，接下来让我们进入搜索功能的设计阶段。

其实谈到搜索功能设计，很多人都会想到搜索框设计。的确，搜索框是搜索功能最主要的外在表现形式，但是搜索功能里的学问远不是使用简单的搜索框就可以概括的，一个完整的搜索功能 / 流程应该由以下三个方面 / 阶段组成：

（1）搜索入口；

（2）信息录入；

（3）搜索结果。

4.2.1 搜索入口

最常见的搜索入口就是搜索框，搜索框的设计有两点需要注意。

1. 不同产品的搜索框的展示方式存在差异

有的产品的搜索框是直接展示出来的，用户可以直接进入信息录入阶段，但是有的产品的搜索框则需要用户点击旁边的放大镜图标使其弹出。在虎扑 APP 之前的版本中，就是让用户必须点击放大镜图标才可以进入信息录入阶段，而在其 7.3.0 版本中，则改为外露搜索框，如图 4-14 所示。

后者的好处在于使用户更容易找到搜索框，使用起来也方便。而前者的好处在于占据更少的空间，对界面布局的影响很小，适合处于快速迭代期或者对搜索功能诉求不是很强烈的产品。

例如，在工作中，我们经常会遇到喜欢突发奇想的领导，他们可能会突然想在界面里加一个搜索功能。而这时界面中可能已经放不下一个搜索框了，所以只能放一个搜索框的入口——放大镜图标。

在互联网金融产品中，给账单提供搜索功能的不多，因为分类筛选功能已经基本可以满足用户的需求。对于这种情况，搜索功能的入口就只能精简一点，可以直接使用“搜索”文字标签，连放大镜图标都不需要，如图 4-15 所示。

当然，即使搜索框是直接展示给用户的，在视觉样式上也是存在很大差异的，例如圆角、描边、背景色、阴影效果等。具体使用何种样式来表现，主要从产品一致性原则和搜索功能的定位上来考虑。

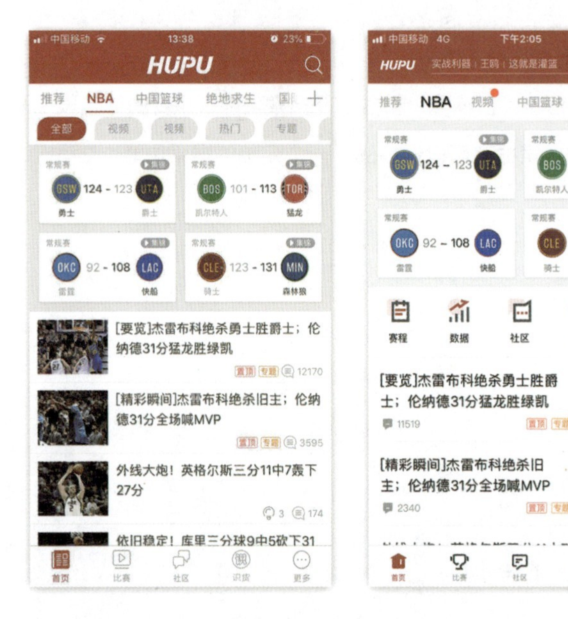

图 4-14 虎扑 APP 在 7.3.0 版本中露出了搜索框

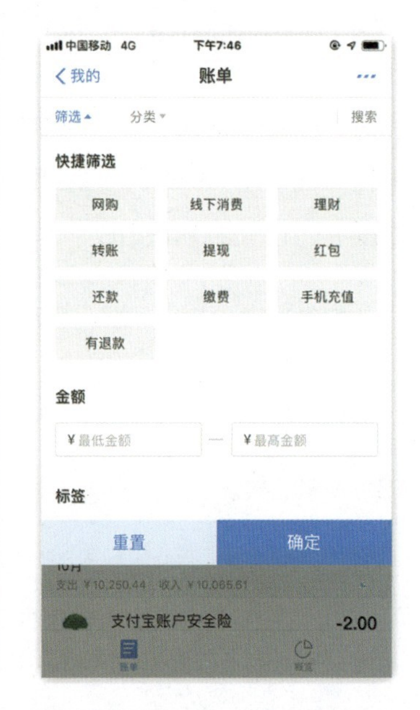

图 4-15 搜索入口的样式取决于用户对于搜索功能的诉求

例如，如果界面中其他视觉元素都是带有圆角的，那么为了保持设计风格的统一，搜索框也应该使用圆角样式，如图 4-16 所示。

图 4-16 将 LOGO 的视觉特征植入搜索框设计中

有的产品为了不破坏界面的整体风格，将背景色设置为半透明效果。但是这样就降低了搜索框的视觉吸引力，因此，对一些用户搜索需求量很大的产品来说，将搜索框的背景色设置为白色背景会使其更加凸显。如果还觉得不够凸显，那么可以加上阴影效果，将搜索框与背景中其他的元素从高度上进行区分，如图 4-17 所示。总之，选择何种样式展示搜索框的入口，取决于用户对于搜索功能的诉求。如果设计师不明白用户的诉求，闭门造车做设计，则无法精准地直击用户的痛点，只能隔靴搔痒。

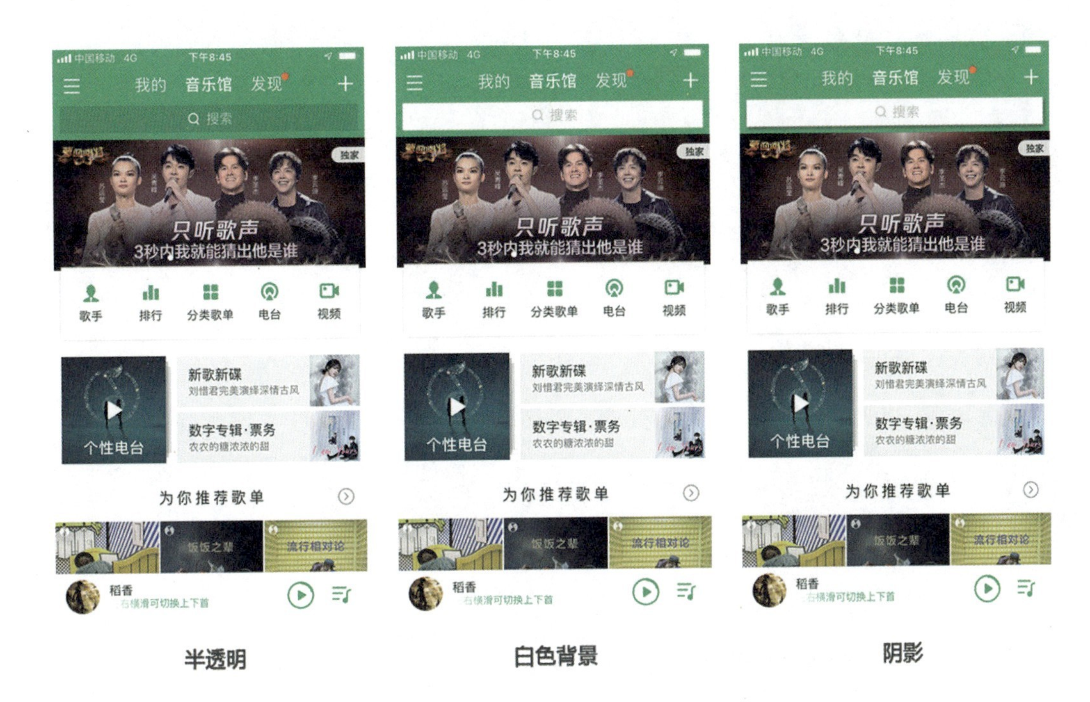

图 4-17 凸显搜索框

2. 用户需要查找的内容可能属于不同的类别

以链家 APP 为例，用户在其中搜索小区可能是为了租房，也可能是为了购房，而购房又可以分为购置新房和购置二手房。在这种情况下，需要在搜索框的左边给用户提供一个下拉列表，让他们选择期望查找的内容类别，如图 4-18 左图所示。当然，下拉列表并不一定要放在搜索框的左边，如图 4-18 右图所示，微信采用的这种分类样式也很出彩。

但是对于链家 APP 这样的处理方式，这里不进行评论。因为无论用户选择的是租房还是购置二手房，其相互之间没有提供跳转的超链接，也就是说，租房用户有可能觉得这里的房租太贵，想看一下周围的二手房价格来评估房租是否合理。此时用户必须退出租房的搜索结果页面，重新选择“二手房”的搜索类别后再次搜索，操作会很烦琐。

图 4-18 搜索特定类别的内容

4.2.2 信息录入

目前来说，最常见的信息录入方式就是文字录入，不过现在我们也开始看到一些新兴的信息录入方式：语音录入、图片录入和 AR 录入等。

我们最熟悉的语音录入产品就是一些音乐或者词典类 APP，比如 QQ 音乐或者网易有道词典。如果用户想听一首歌，则可以直接输入歌名，在不知道歌名的情况下，还可以通过语音的形式完成歌曲信息的录入，如图 4-19 所示。

而图片录入的一个比较典型的例子就是淘宝 APP 里的拍立淘功能，用户拍下心仪商品的照片，系统就会匹配出相似的商品，非常方便。

现在还有更新的信息录入方式：AR 录入。当用户看到一款心仪的商品时，只需要用手机对准它，就可以立刻显示出它的名称、类别、商品价格和详情介绍等基本信息，如图 4-20 所示。从这一点来看，设计师必须时刻跟踪最新的科技信息，要不然很容易就会被淘汰。

图 4-19 语音录入

图 4-20 AR 录入

很多产品的搜索功能都为用户提供了搜索记录和推荐搜索这两个服务。其中推荐搜索可以通过在搜索框里提供默认值来实现，这里以知乎 APP 来举例。在知乎 APP 中，当用户点击输入框进入录入状态的时候，默认值没有了，需要手动输入一遍或者点击热门搜索中的标签。但是在优酷 APP 中，其默认值是会被保留的，用户可以直接点击搜索按钮，更加方便。

但是默认值只能有一个，要提供更多样化的推荐以及多条搜索记录，可以通过下拉列表来实现。在优酷 APP 的搜索中将搜索历史和推荐搜索进行了区分，搜索历史使用宫格式布局，可以展示更多的搜索历史项；推荐搜索使用 tab 进行筛选，用户可以看到更多维度的推荐项目，如图 4-21 所示。

此外，为了更方便用户操作，我们还可以在用户录入阶段提供自动填充功能。这样可以节省用户的操作时间，避免打错字，如图 4-22 所示。

图 4-21 搜索历史 + 推荐搜索成为现在的标准配置

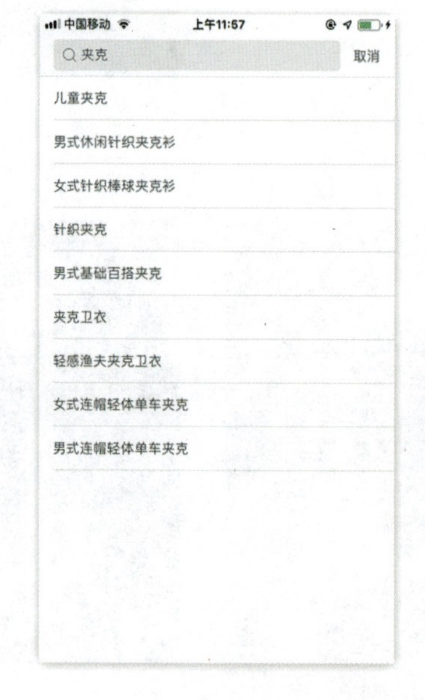

图 4-22 提供自动填充功能：可选列表

4.2.3 搜索结果

最后我们需要解决的就是如何展示不同类别与层级的搜索结果，也就是说要为搜索结果构建一个筛选体系，如图 4–23 所示。对于筛选体系，我在 4.1 节里已经做了详细的说明，这里就不再赘述了。

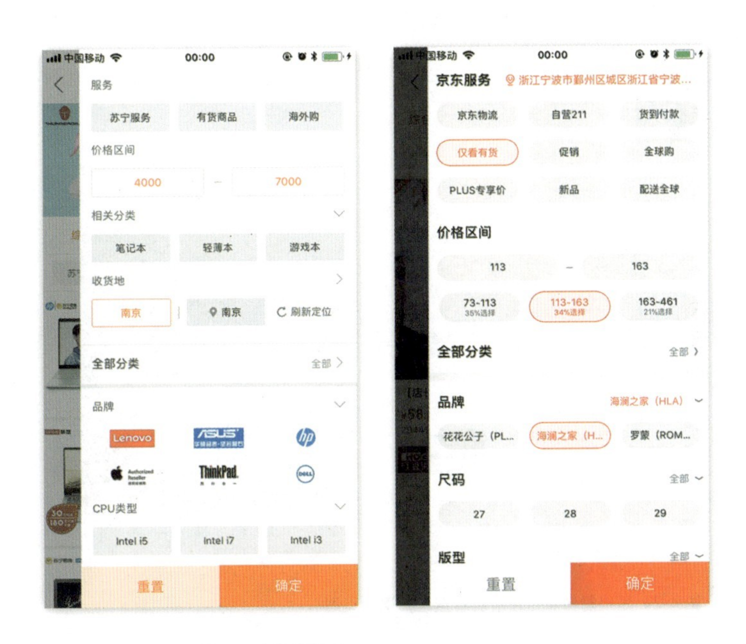

图 4-23　为搜索结果构建一个筛选体系

引入筛选机制可以帮助用户快速找到自己期望的内容。但是，让用户更快地找到自己期望的内容就一定符合产品的利益吗？一旦用户找到自己期望的内容，那么用户的操作便会中止。这样一来，偏冷门、小众的类别的曝光量就会很小。所以，现在一些产品会选择给用户展示一个综合的搜索结果页，尽量让所有的类别都能被曝光。以知乎 APP 为例，当用户在其中搜索“鲁迅”时，在筛选结果时会出现相关的讨论、文章、Live、专栏和电子书。其实我们完全可以做一个 tab 来帮助用户更好地筛选搜索结果。在知乎 APP 之前的版本中也使用了 tab，但是现在改成了将搜索结果的类别隐藏在搜索框后面，用户点击后弹出一个浮框，然后进行筛选，如图 4–24 所示。这种筛选方式肯定没有 tab 直观。为什么这样做？我猜测是知乎希望让用户可以尽可能看到更多的类别，而不是直接进入自己感兴趣的类别。其实类似的做法知乎已经做过了，例如，之前用户是左右滑动页面切换答案的，现在改成了上下滑动页面切换答案。从易用性上来说，左右滑动页面肯定更加方便，但是上下滑动页面可以增加底部广告和评论的曝光量，提升答案的阅读完成率。由此可见，**用户的利益不一定等同于产品的利益。**

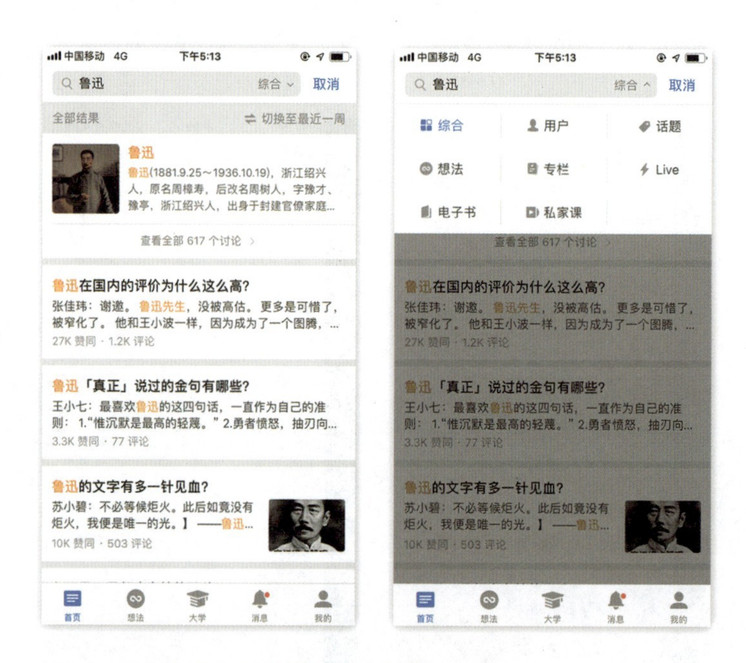

图 4-24 用户需要点击才能查看搜索结果的类别

前面说的都是在搜索结果过多的情况下应该怎么展示。我们还应该考虑搜索结果为零的情况，此时如何给用户设计合适的空页面？对于空页面，用户内心肯定是很抗拒的，没有搜索出结果肯定没有达到用户的心理预期。首先，我们要向用户解释清楚没有搜索出结果的原因，例如没有搜到南京到喀什的火车票，是因为网络原因导致数据请求失败，还是票卖完了，或者是根本没这条路线？用户需要知道原因，如图 4-25 所示。

其次，如果真的没有符合搜索条件的项目，那么我们可以提供与之相关的推荐项目，例如飞机航班，提升不同模块之间的渗透率。

图 4-25　没有搜到火车票，是因为网络原因还是因为票卖完了？需要解释原因

4.3 返回功能

如果要在 B 站 APP 中看郭德纲的相声，则正常的操作流程是：搜索“郭德纲”，进入搜索结果页，然后选择并点击一个视频观看。有一次，我在视频的下方发现一个比较有意思的推荐视频就点击并打开此视频，看完之后点击“返回”按钮想继续看之前的相声，结果发现直接回到了搜索结果页，把刚才进入的那个视频播放页给跳过去了。

怎么会遇到这个情况？我用小米手机和三星手机操作了一下，发现返回的是视频播放页。难道是版本的原因？我又把两部手机中的 B 站 APP 都升级为最新版本，发现在小米手机和三星手机中都是一层层地返回，而在 iPhone 中则是直接回到搜索结果页，如图 4-26 所示。为什么同样一款产品返回机制却不一样，我现在也没搞懂。所以针对返回功能，我觉得非常有必要说一说。

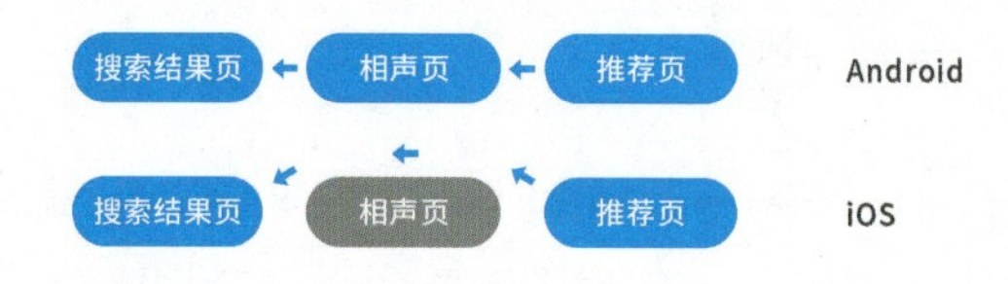

图 4-26 B 站 APP 的返回机制

4.3.1 两种返回

任何一个功能的提出都是基于用户的需求。为什么用户需要“返回”呢？简单来说，返回可以给用户提供一个离开当前页面的路径，回到上一个页面。而“上一个页面”可能是上一层级页面，例如从三级页面回到二级页面，这属于层级返回；也有可能是同一层级页面，例如在购买理财项目时，当要输入短信验证码的时候突然想更改购买金额，此时需要返回到上一个页面修改金额，这属于**任务流返回**。

所以简单来说，我们可以将返回分为两种，一种是返回到“上一步”，另一种是返回到“上一层”。

我们再来了解一下返回样式。在界面左上角加箭头 icon 是我们最常见的返回样式，这么用没人敢说你不对。在 iOS 端，我们还可以在其旁边加上文字，让用户知道返回的路径（见图 4-27 下图）。为什么仅限于 iOS 端？因为 iOS 和 MD 风格的顶部栏样式是不一样的，iOS 风格的界面标题是居中的，而 MD 风格的界面标题是居左的。以微信 APP 为例，如图 4-28 所示，这里的“详情”是当前页面的标题还是上一个页面的标题，会让用户产生迷惑。

图 4-27　常见的返回样式

图 4-28 “详情”是当前页面标题还是上一个页面标题?

返回可以让用户离开当前的页面，但是让用户离开当前的页面却不一定只有返回功能。例如，我们经常会看到一些页面的左上角给用户提供了关闭按钮。既然已经有了返回功能，为什么还要关闭功能呢？以图 4-29 所示的这个理财产品购买流程为例来说明一下，这是一个任务流。

图 4-29　理财产品购买流程

假定用户需要 5 步才能完成购买理财产品的操作，如果用户在第 4 步的时候点击了返回按钮，则有两种可能：

（1）用户想更改购买金额或者重新确认利率、周期等产品信息；

（2）用户不想买了。

如果是第二种情况，则用户一步步地返回就会很麻烦。所以，当用户处于一个任务流中，为了让用户可以快速地离开，我们可以考虑给用户提供关闭功能。当然也不只是任务流，在用户处于页面层级过深的情况下，我们也可以给用户提供关闭功能。

返回容易给用户造成误解，认为不仅是返回上一个页面，还是返回上一个状态。例如，如果用户选好优惠券，那么如何关闭这个底部动作栏呢？让用户点击“确定”或“关闭”按钮都是可以的，但是不能让用户点击“返回”图标。用户可能会误解，认为自己其实并没有选中卡券，如图 4-30 所示。

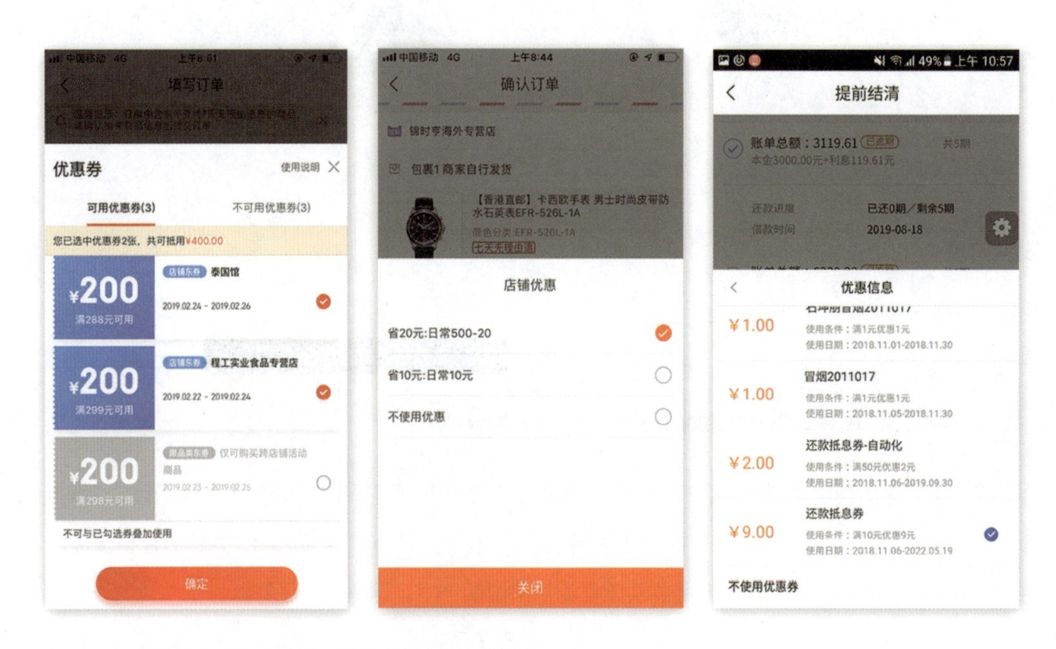

图 4-30　点击“返回”按钮关闭底部动作栏容易给用户造成误解

4.3.2　返回路径

大家可能会觉得返回路径没什么好说的，从哪里来就返回到哪里。的确这个理论适用于大部分的场景，但是也存在例外。

例如，如图 4-31 所示，在支付宝 APP 的付款码页中，用户点击“付款方式设置”按钮就可以直接修改“扣款顺序”；用户点击“返回”按钮就可以回到“付款码”页。乍一看这好像没什么问题，其实我们仔细想一下，用户的需求并不只是扣款顺序。他可能会在向商家付款的时候，突然想起来自己开通指纹支付功能会更方便一点。但是用户要开通指纹支付功能，就必须退出当前的“付款码”页，然后去“我的”页中，点击并进入“设置”页，再进入“支付设置”页，打开指纹支付功能的 Switch 开关开通指纹支付。为了减少用户的操作步骤，我们应该在“扣款顺序”页给用户提供到“支付设置”页的入口。而扣款顺序本身就属于支付设置里的一个模块，能不能让用户从“扣款顺序”页返回到“支付设置”页呢（见图 4-31）？

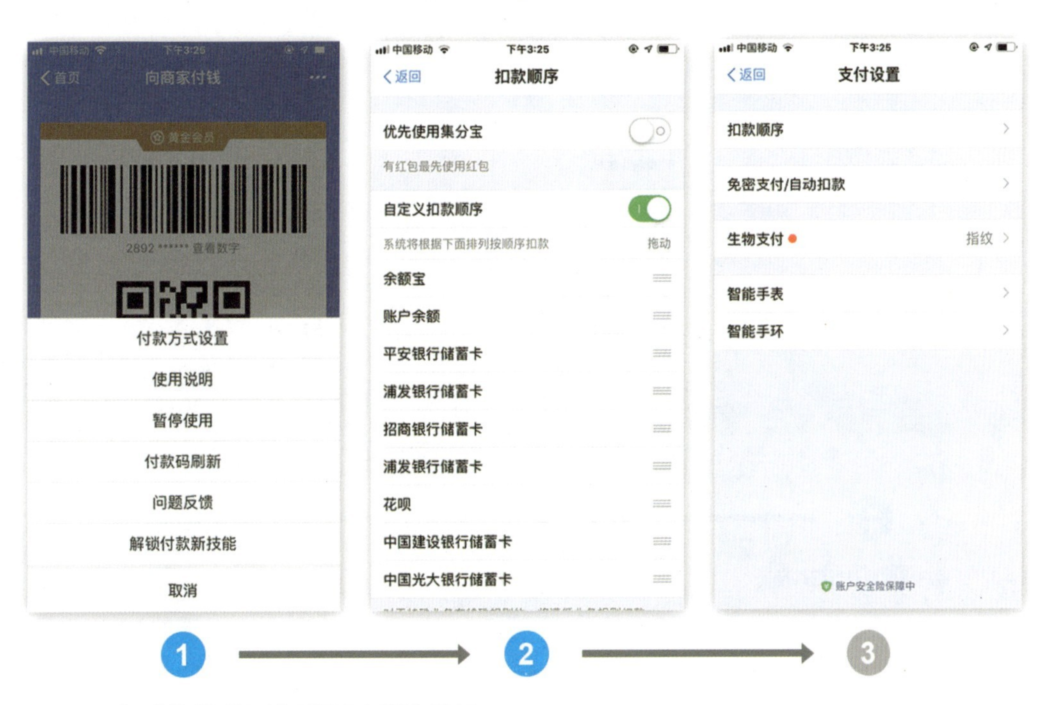

图 4-31　用户只能从“扣款顺序”页返回到“付款码”页

可能有人会说，这样做的确可以减少用户的操作步骤，但是用户毕竟是从“付款码”页进入“扣款顺序”页的，返回到“支付设置”页不符合“从哪里来就返回到哪里”原则，这反映了我们的一个思维定式：认为一个页面只有一条返回路径。其实我们可以给用户提供两条返回路径，只要同时引入“返回”和“关闭”功能就可以了：如果用户想要返回至“付款码”页，就点击“关闭”功能；如果想返回至“支付设置”页，就点击“返回”功能，给用户提供两条返回路径。

其实推特 APP 已经开始这样做了，这里使用与其定位相似的微博 APP 进行对比。在推特 APP 和微博 APP 的“消息”页右上角都有一个“设置”图标，用户点击后可以进入“消息设置”页。推特 APP 的“消息设置”页中增加了一个“完成”按钮，用户点击它会返回至“消息”页，点击“返回”图标会返回至“设置和隐私”页，如图 4-32 所示。而在微博 APP 中只能返回至“消息”页，推特 APP 的设置可以满足用户更多的使用场景。

图 4-32 给用户提供两条返回路径

4.3.3 手势

在上面的例子中，不管是“返回”“关闭”还是“完成”功能，用户想要离开当前的状态（页面或者弹框），都必须点击 icon 或者文字。这样设计会不会太单调了？我们可以尝试引入手势。

以虎扑 APP 为例，在其之前的版本中，如果用户想查看帖子的评论或回复，则需要点击“评论”按钮，进入评论列表，然后再点击“返回”按钮回到帖子页。但是在其新版本中，评论列表使用了临时视图的样式，用户只要向下或者向右滑动页面就可以直接关闭评论列表，返回到帖子页，易用性得到了大大的提升，如图 4-33 所示。

图 4-33　向下滑动页面关闭列表

对于这种新的尝试，我非常认可，因为它不仅丰富了返回的实现场景，还开拓了新的维度。用户对于操作流程“前后”的认知还停留在“左右滑动”这个阶段，例如在 iPhone 中，用户可以通过向右滑动页面返回到上一个页面。突然发现上下滑动也能完成返回的功能，这样可以给我们在以后的交互设计中提供一些新的思路。

而且从易用性的角度来说，滑动比点击更受用户的喜爱。因为点击手势对落点要求较高，特别是在返回按钮经常被放在界面左上角的情况下。单手操作和大屏手机的用户用拇指很难直接触及，用户需要更改手机握持姿势或者改为双手操作。可能会有人说，安卓手机有物理的返回键，用户可以很容易操作，简直完美。

对于这个问题，我觉得这体现了 MD 和 iOS 这两种不同风格的设计思路。我们都知道，iPhone 的一大革命性突破就是抛弃了物理按键，引入了虚拟按键，增加了屏幕的面积。而 2017 年发布的 iPhone X 则直接把 Home 键也给去掉了，整个手机屏幕底部的空间也被释放了出来。这让我想起了

图 4-34 半透明的块状样式可以增加浏览区域

图 4-35 网络异常没有提供关闭按钮

在 2008 年我上高中的时候，父母给我买了第一部手机，当时如果想放大照片必须点“+”按钮，现在照片的放大及缩小都完全依靠手势了。所以我想会不会有一天手势会完全取代了按钮。

当然，任何创新的本质都是打破原有的规则，挑战用户的固有认知，从而增加了用户的学习成本。以前面介绍的虎扑 APP 为例，即使其引入了手势，还是在界面左上角保留了“关闭”按钮，给用户一个过渡的过程。

手势的引入可以节省界面的空间，但是通过其他的方法也能达到这个目的。图 4-34 就是一个很好的例子。

前面提到了 MD 和 iOS 风格在设计上的差异性，所以，我们在设计过程中要充分考虑不同的操作系统和机型。下面再举一个例子。

设计师需要考虑产品不同的使用场景，例如当网络状况不佳的时候，新页面会迟迟加载不了。此时应该给用户提供一个关闭功能，要不然出现像图 4-35 所示的这种情况时，用户只能选择退出产品了。当然这个案例是开发人员的问题，返回功能应该是提前渲染好的。

4.4 反馈机制

反馈是用户在操作产品过程中非常重要的一个环节，它的存在与否会极大地影响产品的用户体验。反馈从覆盖范围上来说可以分为两种：**操作反馈与用户反馈。其中用户反馈更多是指通过在线反馈、客服咨询、问卷调查、用户访谈等渠道，收集用户对于产品的投诉和建议。**这里所指的主要是操作反馈，为了表述方便，以下都简称反馈。

4.4.1 为什么要反馈

要判断一款产品的前景，首先要看它能否帮助用户解决问题。将同样的问题抛给设计师："为什么我们要在产品中建立反馈机制？"或者说："反馈机制究竟可以解决用户的哪些痛点？"对于这个问题，我想起在前一段时间看到的一个"段子"。

有人问："为什么男生追女生追到一半就不追了？"有一条评论获得了网友的高度称赞——"看不到进度条"，如图 4-36 所示。

图 4-36 要给用户反馈

我们可以把这层关系代入产品设计中：女生是产品，男生是用户，而进度条就是反馈。因为用户的每一步操作都得不到相应的反馈，所以用户对当前系统的状态一无所知，就会产生一种"我是谁？""我在哪里？""我要干什么？"的焦虑感。焦虑感发展到一定程度是很恐怖的：连心仪的女生都能放弃，更不用说一款产品了。

以上这个例子虽然不怎么恰当，但是基本上可以帮助我们了解建立反馈机制的必要性：**帮助用户随时感知系统的状态，满足用户的控制感，消减不确定性给用户带来的负面情绪。**

反馈机制经常受到大家的忽视，我们可以做一个测试，随便找一款产品，看看它是怎么处理等待状态的。在使用产品的过程中，我们经常需要等待。例如，上传证件信息需要等待审核，发起还款操作需要等待处理。当遇到类似的场景时，大多数产品的处理方式是直接告诉用户"资料审核中"或"已发起还款，正在处理中，请稍候"，如图 4-37 所示。这种方式很省事，也很不负责任。因为用户不知道他需要等多久，最好告知用户在几个工作日之内可以完成审核，让用户心里有底。

图 4-37 不要让用户漫无目的地等待

有了“帮助用户随时感知系统的状态”这个意识只是第一步，如何才能在产品设计中体现出来呢？有的设计师会说，让用户感知到系统的状态，这个很简单啊，当系统的状态发生变更时，我们就通过弹框告诉用户。他们是这样想的，也的确是这样做的。目前我所见过的大部分产品的反馈体系做得非常“朴素”，基本上都是“对话框 +Toast”的组合。这种方式不是不行，而是对用户不够友好。

怎么样才能设计出让用户满意的反馈体系呢？我们需要解决两个问题：

（1）什么时候给用户反馈?

（2）通过什么方式给用户反馈?

4.4.2 实时性

反馈必须具备实时性，要让用户时刻感知到系统的状态。如果反馈滞后，用户没有了解到系统最新的状态，则可能会造成无效操作。

图 4-38 所示的是一个产品的用户实名认证流程，其中主要有两个步骤：一是拍摄并上传身份证照片；

二是人脸识别。用户上传完身份证照片后，点击“刷个颜值”按钮进行人脸识别，最后认证未通过。未通过的原因是“身份证有效期过期”。而这个报错完全可以应用 OCR 技术，在第一步就告诉用户“身份证有效期过期”。因为身份证无效，后面的人脸识别也是没有意义的。如果明知道身份证过期还引导用户进行人脸识别，就增加了用户的无效操作。

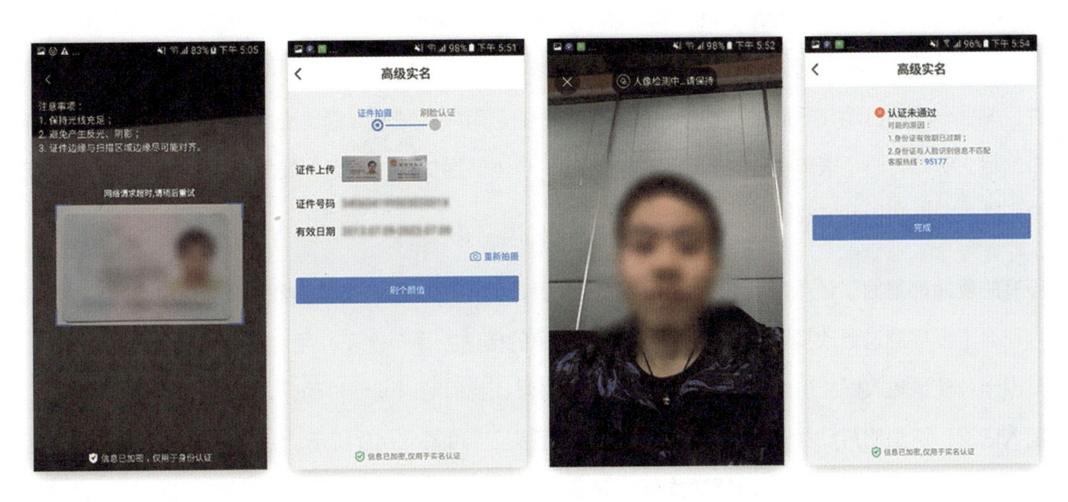

图 4-38　实名认证流程

接下来再看一个用户设置登录密码的场景，假设我们要求用户设置的登录密码必须是 8 ~ 20 位数字、字母和符号的组合。这里设想一个报错场景：如果用户输入的密码超过 20 位字符，那么应该如何告知用户？

方案 1：最普遍的方法就是在用户点击“提交”按钮的时候，提示用户“密码不符合要求”。这种处理方法存在两个问题：第一，用户不知道具体的报错原因，不知道是因为自己忘了加符号还是位数不对；第二，就算用户明白是因为密码位数的问题，也不知道自己输入了多少位，还需要一个个地数，非常不方便。

方案 2：可能会有人提出，防错在先，容错在后。是否可以通过增加一些限制条件来避免这个犯错的场景呢？例如，如果用户输入的密码超过了 20 位字符，我们只取前 20 位字符。这样虽然从根本上避免了犯错的场景，但是会衍生出一个新的问题：如何让用户感知到自己输入的密码只有前 20 位字符生效呢？所以这个方法也不合适。

方案 3：对输入的内容进行实时校验，当用户输入第 21 位字符时，立即通知用户密码位数已超限制，如图 4-39 所示。

我最认可方案 3，它不仅可以准确地告知用户具体的错误原因，还考虑到反馈的实时性。

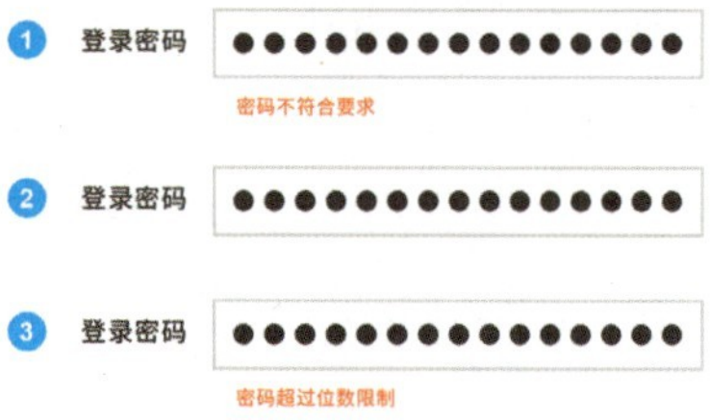

1 登录密码 ●●●●●●●●●●●●●●●

密码不符合要求

2 登录密码 ●●●●●●●●●●●●●●●

3 登录密码 ●●●●●●●●●●●●●●●

密码超过位数限制

图 4-39 对输入的内容进行实时校验

4.4.3 自身反馈

我在之前也提到过，大多数设计师都喜欢使用弹框来承载反馈功能，我对此不是很认可。因为弹框的一大缺点是**不具备指向性**。弹框一般会出现在界面中央，浮于所有信息之上，用户不知道弹框所反馈的信息具体对应的是哪个条目。例如，一个表单里同时有七八个输入项，点击“提交”按钮后，如果使用弹框报错，那么用户无法立刻感知到到底是哪个输入项出错了。

所有的反馈都是为了让用户感知到系统状态的变更，而用户与系统交互的触点又是一个个操作对象。为什么不直接通过更改操作对象的样式来完成信息的传达？举个例子，用户在输入登录密码的时候，其操作对象是输入框。当用户的密码输入错误的时候，我们可以通过抖动输入框的方式告知用户密码输入错误，这里的抖动类似我们在现实生活中“摇头”，如图 4-40 所示。我们都知道摇头代表着否定的意思，用户看到这个动画效果也能明白密码输错了。

在网易云音乐 APP 中，如果想关注一个用户，则点击“关注”按钮后，按钮会变成“成功”的样式，最后消失。整个关注过程完全通过按钮自身的形态变化来完成信息的传达，不需要出现一个 Toast 告诉用户“关注成功”，如图 4-41 所示。最后按钮消失也是一个很好的设置，用户如果想取消关注就必须点击进入个人主页，增加了取消关注的难度，维持关注度。

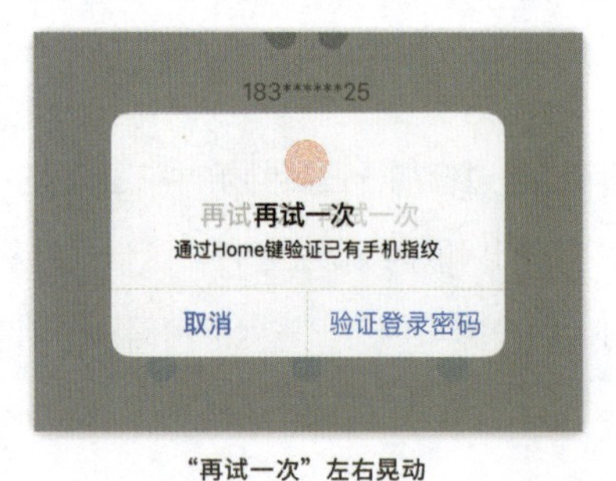

“再试一次”左右晃动

图 4-40 通过抖动向用户传达“否定”的意思

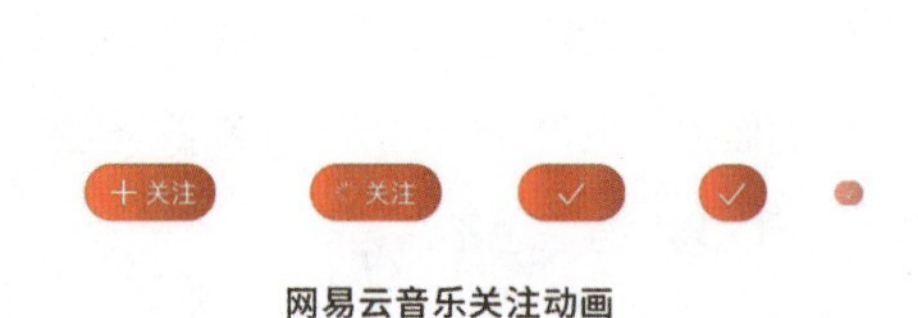

网易云音乐关注动画

图 4-41 改变按钮样式完成信息的传达

而在微信 APP 中，如果想删除聊天记录，在其之前的版本中删除确认操作是通过底部动作栏来完成的（见图 4-42 左图），而在其现在的版本中，则是直接在当前的消息栏上滑动就可以进行删除确认操作（见图 4-42 右图）。这样在整个删除聊天记录的流程中，用户的手指一直停留在当前的这条聊天记录上，缩短了拇指的移动距离，注意力也没有发生转移。

图 4-42　微信新旧两个版本中的删除确认操作样式

4.4.4 轻量化

轻量化也是一个很热门的设计理念。什么是轻量化设计？使用简单干净的配色、通俗易懂的文案，把对话框改成 Toast……这些都对。但是，轻量化设计不应该仅限于视觉层面，更应该着重考虑优化交互方式，减少用户的操作步骤。

一般的反馈属于“单向通知”，把信息传递给用户即可。例如，用户签到成功后会出现一个弹框告知用户“签到成功”。

但是，还有一些反馈会伴随着用户的进一步操作。例如，在网络发生故障时，除告诉用户网络发生故障外，还应该告诉用户如何去解决问题，可以在弹框上提供跳转到网络设置页的按钮，减少了用户的操作步骤，如图 4-43 所示。

图 4-43 Snackbar 可以承载点击事件

以微信 APP 中的浮窗功能为例，当用户滑动浮窗时，系统就会立即询问用户是否要关闭浮窗，如图 4-44 所示。如果用户不想关闭，则立即松手就可以了。如果使用传统的对话框来询问用户是否关闭浮窗，且不说会增加用户的点击次数，还涉及通过什么手势来唤起对话框的问题。滑动浮窗肯定不行，因为一滑动浮窗就会出现对话框，用户就无法挪动浮窗的位置。点击浮窗会进入文章页面，所以点击也不可取。唯一可行的就是长按浮窗唤起对话框，但是这样使交互难度进一步加大。

使用传统的对话框样式会增加交互难度

图 4-44　选择最能节省交互成本的反馈方式

4.4.5 反馈的种类

常见的反馈方式有 6 种：弹框、页面、标签、（功能性）动画、红点和声音。

1. 弹框

弹框是最主要的反馈方式，因为弹框作为一种临时视图，可以在任何场景中出现，连美国的“总统警报”使用的都是弹框。弹框的优势在于其“百搭”，但是不能滥用。弹框的具体分类和用法在 5.1 节中有详细的说明，这里就不再赘述了。

2. 页面

用页面来完成反馈也很常见。与弹框相比，页面所能承载的信息量更大。弹框反馈的主体是动作，而页面反馈的主体更多的是（动作）流程，类似于流程终点站。例如，我们购买理财产品前要做风险评测，结果会通过一个单独的页面来展示，如图 4–45 左图所示；购买商品后的结果也会通过一个单独的页面来展示，如图 4–45 右图所示。

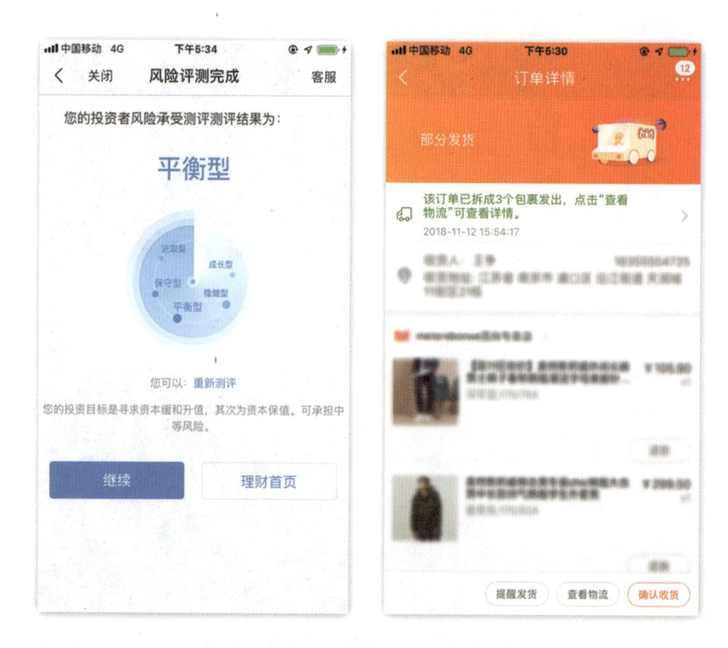

图 4-45 页面是一个操作流程的终点站

关于弹框和页面的关系，我想起之前在火车站遇到的一件事情：当时我在排队取票，前面的大妈回头跟我说她的票取不了。我发现这是因为她没有关闭购买保险的弹框，所以当然不能点击“确认打印”按钮，如图 4-46 所示。

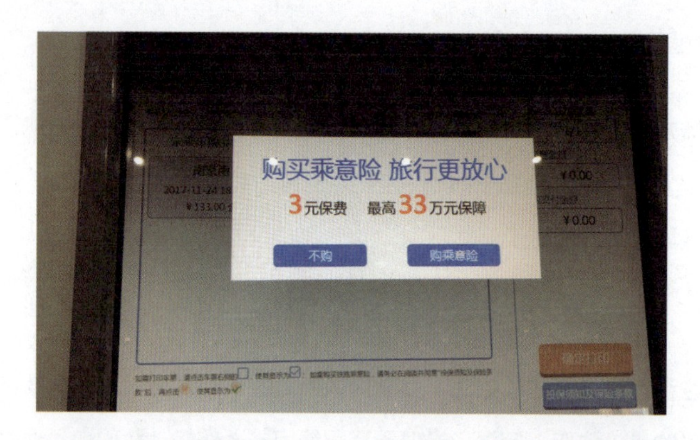

图 4-46 购买保险弹框没有盖住“确认打印”按钮，用户误以为可点击

其实这件事情反映了用户对于界面中的元素具有一种“所见即所得”的心理，既然这里展示了，就应

该能操作。对于这种情况，有两种解决方法：

（1）设置弹框的显示时间，让其自动消失，但是这样可能会影响保险产品的转化率；

（2）以页面的形式显示，这样用户就看不到“确认打印”按钮，不会发生无效点击的情况。但是这会增加取票的步骤，可能会带来新的问题。

3. 标签

（文字）标签在反馈体系中同样占据一席之地，与弹框相比，其更加轻量化。以图 4-47 所示的两个手势密码验证错误场景为例，如果使用弹框，那么在用户每次密码输入错误后都会出现弹框，用户如果想再次验证，则必须关闭弹框，增加了操作步骤。所以直接在页面上使用文字提示会更加合适。

图 4-47　文字提示可以减少用户的操作步骤

不过标签的使用场景比较单一：主要用于表单，在用户录入信息的过程可以提供逐行报错提示。当然，表单信息录入报错也可以通过弹框来完成，但是它有两个缺点：

（1）弹框会遮挡界面中的信息，用户看不到表单内容；

（2）如果问题原因和解决方案字数过多，则用户付出的记忆成本就会很大，因为关闭之后就看不到了。

在录入项目过多的情况下，标签可以给予更具有指向性的提示，让用户不用费力去寻找。所以说，在录入表单信息时，我们可以选择更加轻量化的文字标签，如图 4-48 所示。

图 4-48 文字标签反馈主要用于表单中

4. 动画

动画也可以用来完成反馈，这里的动画指的是功能性动画。动画可以吸引用户的注意力，因为人类都是视觉动物。在 APP 和网页中，小动画对我们的眼睛来说像是“甜点”一样，我们会不自觉地被它们吸引。动画和插画一样，使用合理的话会极速提升产品的品位。

前面说的三种反馈样式主要展示的是结果，而动画因为其自身的特性可以被用来展示过程。“正在加载中”“正在下载中”……这些表示“过程”的状态用动画来演示是非常合适的，如图 4-49 所示。

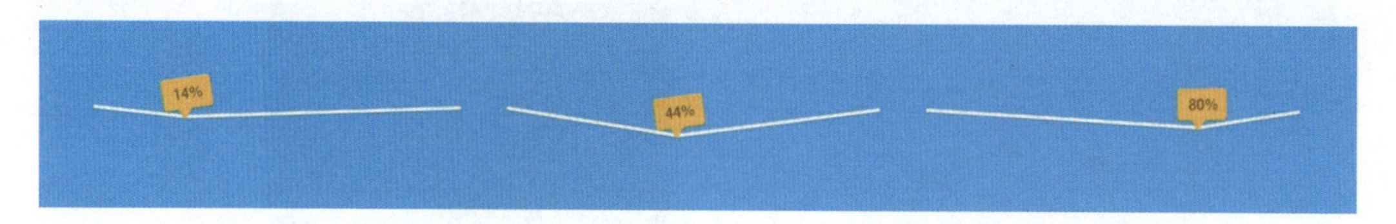

图 4-49 动画可以演示过程

但是在动画的使用上，我们还是要慎重，因为如果动画太复杂，就会拖慢界面加载的速度。毕竟动画只是甜点，不是正餐，吃多了会发胖。

5. 红点

我们俗称的“（数字）红点”，其实专业术语是 Badge，主要指出现在按钮、图标旁的数字或者状态标记。红点最基础的用法就是展示新消息的数量，当然也可以将其自定义用来显示数字以外的文本内容，如图 4–50 所示。

图 4-50 红点的常见样式

还可以不加任何文本内容，直接展示一个红点，表示当前状态或者内容发生变更。例如，在网易云音乐 APP 里下载一首歌，你不会收到一个弹框提示“歌曲下载完成”，只会在“本地音乐”图标的右上角看到一个红点，这就意味着歌曲下载完成，如图 4–51 所示。

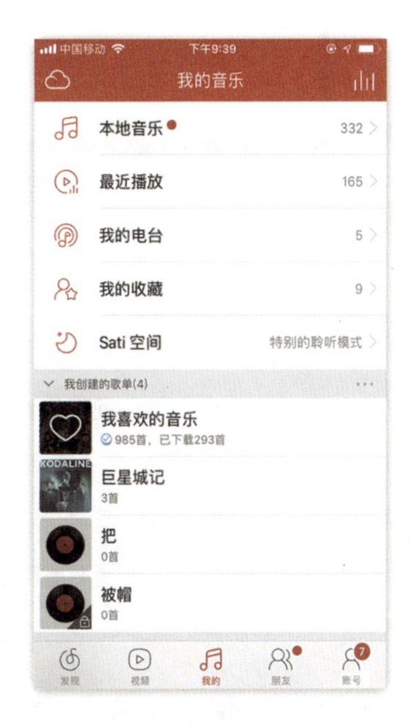

图 4-51 用红点代替弹框

6. 声音

声音是经常被设计师忽视的一种反馈方式，也是我们接触最早的反馈方式。我们在用座机打电话拨号时，每按一下数字按钮就会发出“嘀”的声响，告诉用户按键成功。

授人以鱼不如授人以渔。反馈的种类随时都在变，但是其本质一直都是让用户随时感知到系统的状态。我们应该把这种设计理念始终贯彻到产品设计中。例如，很多产品都提供了在线反馈的功能，但是大多数都没有形成一个闭环，用户根本不知道自己的这个问题是否得到了有效的处理，让用户的反馈得到反馈更能刺激用户的反馈积极性。

4.5 分享功能

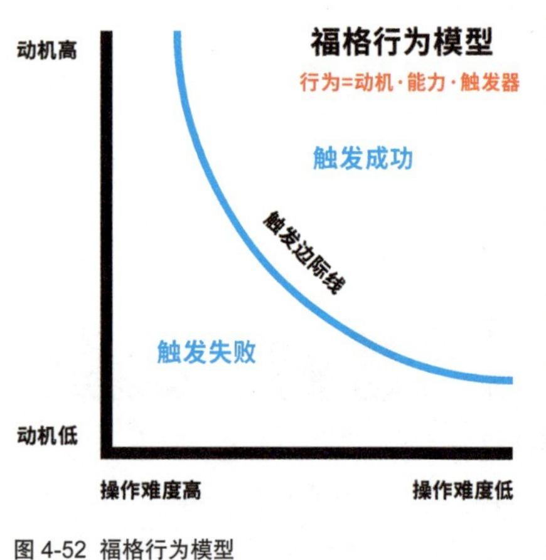

图 4-52 福格行为模型

对 C 端产品来说，分享是获得流量的一大途径。我们都希望用户将产品推广到各个平台（微信、微博、QQ 等），让更多的用户看到，将产品打进社交圈。“理想很丰满，现实很骨感”。如何设计分享功能才能让用户愿意为你传播呢?

在这里可以引入福格行为模型来帮助我们了解用户的行为机制。用户完成任何一个既定的行为，必须具备三个元素：动机、能力和触发器。只有用户有足够的动机，而且有能力去完成，并且有一个触发器去提醒他，一个行为才可能发生，如图 4-52 所示。

4.5.1 动机

动机就是理由，用户做任何事情都需要一个理由。 在朋友圈里，我们经常可以看到很多性格测试的 H5 页面，大家也特别乐于分享测试结果。为什么? 因为这些性格测试的本质就是拍用户马屁，变着法地夸用户，大多数人对于这些“花言巧语”是没有抵抗力的。他们不去思考，或者拒绝思考这些华丽辞藻背后的那个人究竟是不是自己，他们只想分享到朋友圈炫耀，让大家看看原来自己其实也是很优秀的。这里利用的就是每个人的虚荣心。

所以，在设计分享功能之前，我们要梳理用户的“动机点”。如果用户刚跑完了 10 千米并生成了路线图，那么他会很有成就感，他会很想跟朋友炫耀这件事情。所以，这里就产生了一个“动机点”，我们需要让这个路线图可以被分享。

用户的“动机点”是非常分散的，这就要求我们对于分享场景要尽量细化，我们对于分享的主体也应该化繁为简，兼顾所有的“动机点”。分享的最终目的是为了推广产品，但是我们不能直接让用户分享产品的二维码。用户对于我们的产品其实是无感的，他喜欢的是产品所提供的内容和服务。用户只愿意分享自己感兴趣的内容：他看到了一篇不错的文章，听到一首好听的歌，他愿意去分享，但是他为什么要分享一个产品呢? 他抽中了一个奖品，他愿意去分享，但是他为什么要分享整个活动超链接呢？除非分享了可以增加抽奖次数。

对于分享功能，我们要做的是尽量地细化，兼顾所有的“动机点”。例如在 QQ 音乐 APP 中，用户可以分享歌曲、歌手、专辑和歌单，甚至可以分享几句他觉得写得很好的歌词，如图 4-53 所示。

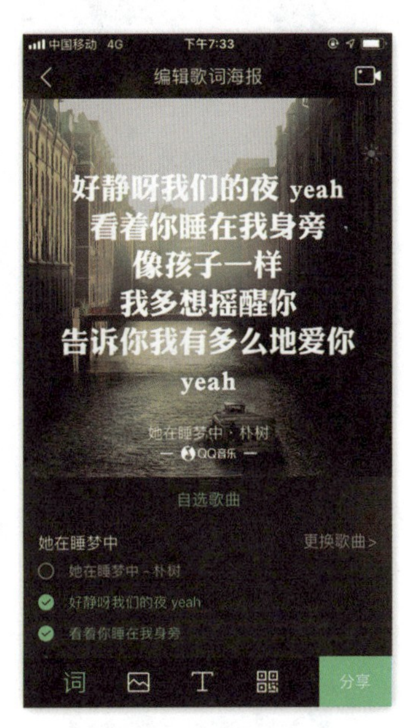

图 4-53　分享的主体要尽量细化

4.5.2 能力

能力就是降低用户分享的操作成本，让分享更容易被操作。那么用户一般是如何执行分享操作的呢？目前来说，最常见的就是点击分享按钮，分享按钮从位置上来说有三种：**界面右上角、界面底部和跟随信息流。**

从易用性的角度来说，在界面底部比在界面右上角更加友好。同样的一个歌曲分享功能，一个在界面右上角（见图 4-54 左图），另一个在界面底部（见图 4-54 右图）。对单手握持手机的用户来说，肯定在底部的分享功能更容易触及。

跟随信息流的分享主要在社交类产品中应用得比较多，例如微博、Twitter、Instagram 等 APP，如图 4-55 所示。

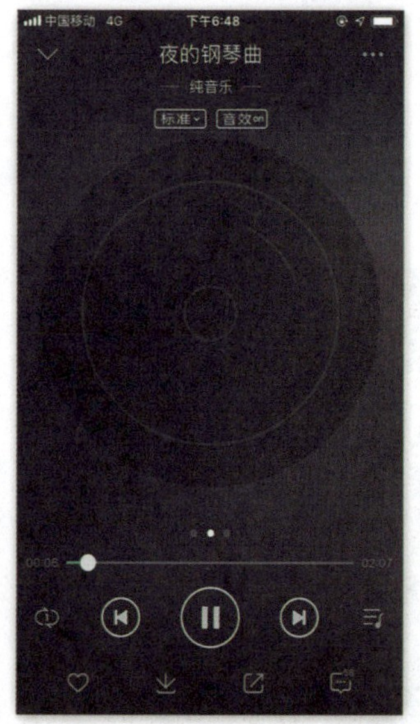

图 4-54 让分享功能对拇指更友好

图 4-55 Twitter APP 和 Instagram APP 的分享功能都是跟随信息流的

虎扑 APP 的分享功能也是跟随信息流的，在其之前的版本中，分享功能被隐藏在按钮中，而在其新版本中，则直接对分享功能进行了外露处理，减少了用户的操作步骤，引流意图更加明显，如图 4–56 所示。

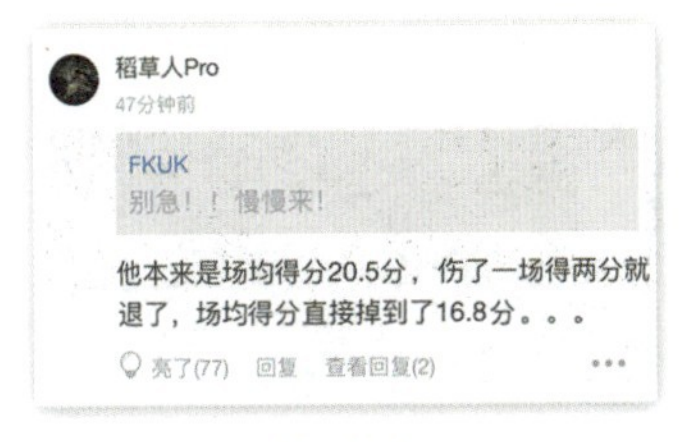

改版前

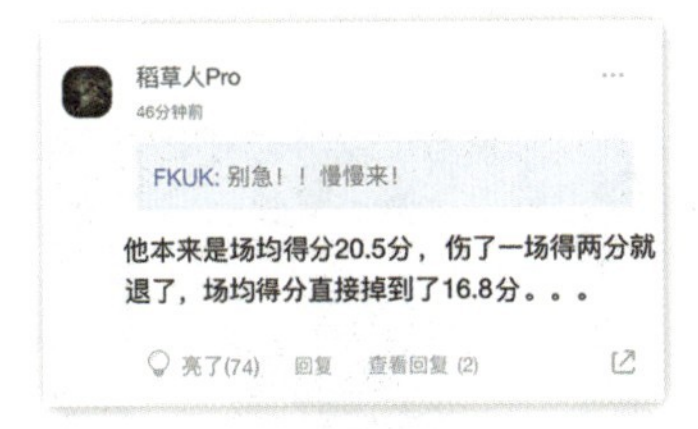

改版后

图 4-56　虎扑 APP 的改变让分享更加容易操作

4.5.3 触发器

在合适的时间点要提示用户去分享。在网易云音乐 APP 中，如果用户给一首歌点赞了，就会出现一个小动画来引导用户去分享。因为一旦用户点赞就说明用户喜欢这首歌，而系统抓住这个契机来引导用户去分享是非常合适的，如图 4–57 所示。如果我们不考虑这个场景，把分享按钮做得特别显眼，那么对不想分享的用户来说其实是一种干扰。

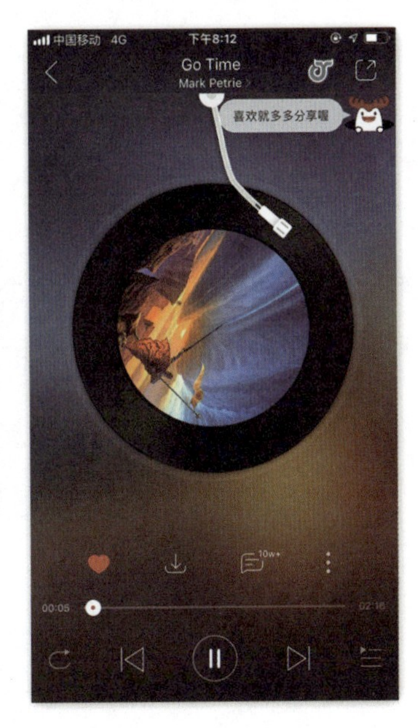

图 4-57　寻找触发分享功能的时机

当用户在产品内截图时，可以引导用户去分享或者反馈问题给客服，这些都是对用户分享行为的触发，如图 4-58 所示。

图 4-58 触发用户分享行为

4.5.4 载体

分享的载体主要有两种：超链接和图片。具体使用哪种要看内容量，如果内容过多，用户需要更深入地了解，那么使用超链接更加合适。如果内容过少，如一条新闻短讯、一句“心灵鸡汤”，那么可以使用图片。超链接的优势在于详细，图片的优势在于直观，如图 4-59 所示。

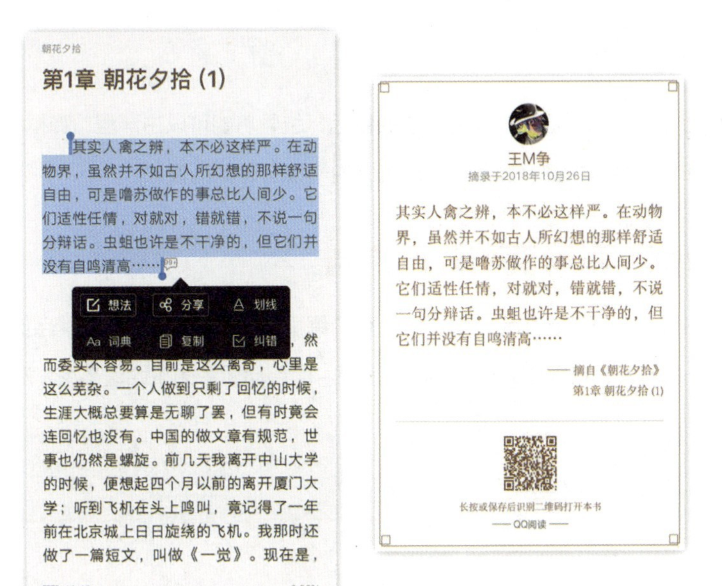

图 4-59 图片可以直观地展示分享的内容

4.6 引导页

引导用户快速地上手新产品一直都是我们追求的目标，引导功能可以由浮层、弹框和引导页等元素组成。浮层和弹框在其他章节中都有提及，本节就来说一说引导页的设计。

4.6.1 启动页、引导页和开屏广告

大家经常会把引导页、开屏广告和启动页混淆，在介绍引导页之前，首先我们需要厘清这三者之间的关系，如图 4-60 所示。我曾经接到一个用户的反馈，问启动页中的东西这么少，为什么不配置广告。这明显就是把启动页和开屏广告给弄混了。

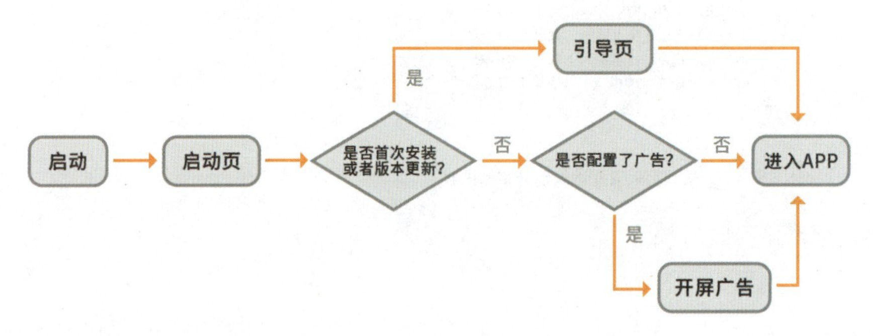

图 4-60 启动页、引导页和开屏广告的关系

启动页是用户每次打开 APP 都会看到的，如图 4-61 所示。为什么要有启动页呢？因为用户每次打开 APP 时都需要加载资源，这个加载过程需要时间。在加载完成前界面里没有内容就会显得很奇怪：到底是什么情况？这个页面怎么空荡荡的？所以我们就会向用户展示启动页。从这个角度来说，启动页和占位符很像，都是为了缓解用户在等待过程中所产生的焦躁情绪。

当我们有特定的宣传需求时，可以配置相应的开屏广告。开屏广告在特定的时间段会频繁出现，例如“双十一”、圣诞节和元旦，过了宣传期就会被撤掉。开屏广告中会配置对应的超链接，让用户可以直接进入目标页，如图 4-62 所示。

图 4-61　启动页

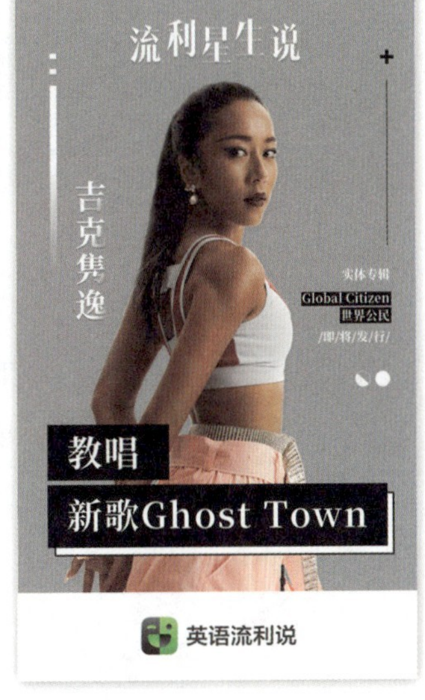

图 4-62　开屏广告

引导页是在用户首次安装产品或者产品版本更新后首次打开时才会出现的，而且只会出现一次。其主要功能就是在短时间内告诉用户这款产品的核心功能或者本次版本更新上线了哪些新功能，让用户对这款产品有大概的了解，使其更快地进入使用环境。这一点从引导页的英文名 Onboarding 就能看出，Onboarding 的中文就是入职培训的意思。引导页就相当于给用户上了一堂“入职培训”课程。

从这里我们可以看出，引导页代表了一款产品给用户的第一印象。第一印象虽然产生的时间极短，但是它所带来的影响却是很长远的。

4.6.2 引导页设计要素

不同的产品有着不同的核心功能和目标用户群，其引导页的内容和设计风格也是不一样的。但是不管是哪款产品，其引导页的定位或者核心功能都是固定的，概括成一句话就是：**以一种友好、易懂和有吸引力的方式快速告诉用户这款产品的基本信息。**

引导页一般有 3 ~ 4 页，主要由**插画**、**图片**、**文字**和**动画**组成，如图 4-63 所示。

图 4-63 引导页

1．插画

插画和图像在引导页中占据主要的位置，因为用户对于具象元素的感知速度要快得多。优秀的引导页会使用户在浏览后对这款产品的核心功能有大致的了解，所以引导页的定位类似于产品的使用说明书。当然，我们不能指望用户会很仔细地读，对于引导页，用户更多的是一瞥而过。所以，我们要通过插画和图像在短时间内把信息传递给用户。

在引导页中，对于插画的要求不是很高，使用简单的 icon 类插画也同样出彩。插画对低年龄段的用户来说有着巨大的吸引力。特别是对青少年来说，他们很喜欢带有卡通风插画的引导页。

2．文字

在引导页中，文字并不是占主导地位的，我见过很多产品的引导页都是纯插画的，完全抛弃了文字。引导页中的文字要足够简明扼要，要降低用户的阅读时间。对于一小段文字用户很可能会忽略，但是对于一大段文字，用户肯定会忽略。出现在引导页中的文字必须要短小精悍，具有概括性。

3．动画

在前面提到了引导页的困局在于用户很少愿意花时间去看，那么怎样做才能吸引用户呢？或许我们可以试试动画。人类天生就对运动的事物感兴趣，用户的注意力会不自觉地被其吸引过去。植物要靠动物传播种子，需要在种子的外面包裹一层果肉吸引“用户”来采食，种子随着动物的粪便被排泄出去，完成传播的过程。同样，要让用户心甘情愿地读取引导页中的信息，我们也需要给用户的眼睛准备“甜品”。

有趣的动画在增强页面活力的同时，还可以很好地娱乐用户，提升他们对产品的第一印象。在引导页中，有些信息是比较重要的，我们可以采用动画将用户的注意力吸引过来。但是从另一个角度来看，应用动画意味着需要更多的加载负担，更长的等待时间。所以，对于动画的应用，设计师应该和开发人员进行深入的沟通，从而达到最优的实现效果。

4．跳过选项

如果连动画都没法让用户在引导页上驻目停留，那么我们就需要考虑给用户提供跳过引导页的选项了。因为不是每一个用户都愿意看这些引导页，即使是第一次使用产品的新用户。现在的产品同质化非常严重，不看引导页用户也照样会用。用户不喜欢被强迫看完引导页，所以最好在页面右上角提供跳过引导页的选项。

4.6.3 不只是引导页

我们可以将思维发散，当用户第一次打开产品时，除引导页外，我们还希望用户看到什么呢？除让用户被动地接收我们的信息外，我们可以让用户参与进来。例如，让用户填写一些个人信息以方便系统更好地进行用户画像，进而提供个性化服务。在用户首次使用豆瓣 APP 时，其会询问用户对哪些图书和电影感兴趣，如图 4-64 所示。

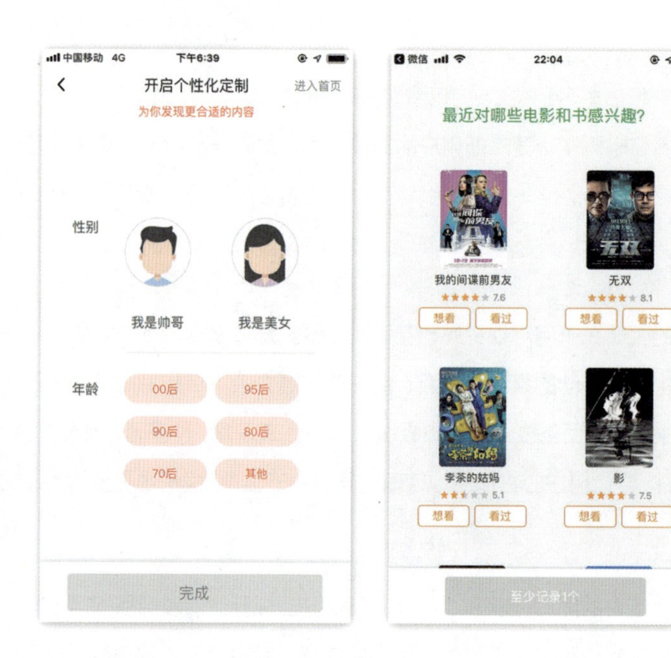

图 4-64 询问用户信息

做设计最怕的就是认死理，矫枉过正。用户首次进入产品的时候，不要让用户完成太多的任务，那样容易造成新用户流失。例如，同样的食谱类 APP：产品 A（见图 4-65 左图）和产品 B（见图 4-65 右图），这两款产品都支持使用第三方账号登录，而且登录后都要求用户绑定手机号。但是产品 B 给用户提供了“跳过”按钮，用户可以选择不绑定。而在产品 A 中，如果用户点击“取消”按钮，那么就不能创建账号，不能创建账号就无法享受收藏菜谱、上传菜谱等进阶功能。

仅从我个人的角度来说，我不认可在这个步骤让用户绑定手机号。因为用户刚注册完，还没有享受到你提供的服务，就让用户绑定手机号，用户会愿意吗？说不定用户看到这个设置界面直接就“走人”了。因为现在的产品同质化现象非常严重，你的产品有很多的替代品。所以，对于新用户，为其安排过多的任务可能会吓跑他们。

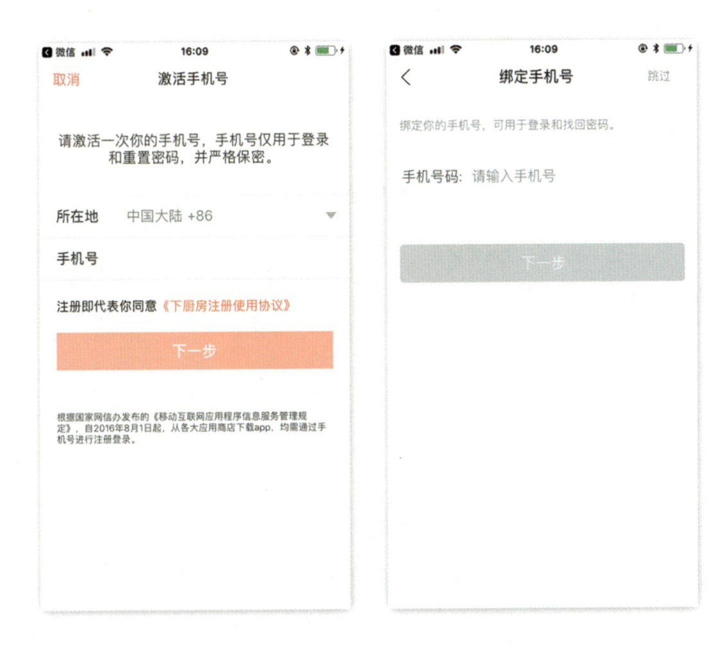

图 4-65　避免让新用户完成太多的任务

4.7 顶部栏

顶部栏是页面的头部，其高度一般为 128px（在 iPhone 8 中的尺寸），也就是说一个页面中大约有 1/10 的空间都是顶部栏，其重要性可见一斑。图 4-66 所示的是我们最常见的顶部栏样式，上面是状态栏（Status Bar），中间是界面标题，左右两侧是 icon 或者文字按钮，代表着返回、消息提示、设置等操作。

图 4-66 顶部栏基本样式

但是我们可以看一下手机里的 APP，并不是每款 APP 都采用了这种样式。下面挑选了几个“异类”APP，逐个进行分析。

4.7.1 去标题化

现在一些产品的一级页面中删除了顶部栏中的标题。想要知道顶部栏中的标题为什么会被删除，首先要知道它为什么而存在。很简单，**标题的功能就是告诉用户当前界面的名称**。但是这个功能与底部栏菜单有些重叠，因为用户从底部栏菜单的选中状态中也能知道自己当前在哪个页面。所以前面也强调了是在一级页面中，如果进入了二级页面，一旦没有了底部栏菜单，那么标题还是要放回来的，如图 4-67 所示。

上面阐述的是在一级页面中删除标题的条件，接下来说一说删除标题的动机。一级页面相当于产品的门面，曝光量是最大的，我们必须在有限的空间中展示足够多的功能和内容，而删标题就是一个不错的方法。图 4-68 所示的就是我对支付宝 APP 首页做的一个修改，如果加了标题，我们会发现首页展示的内容就会减少了，即压缩了用户的浏览区域。

而一级页面也有优先级之分，“首页”和“我的”页的用户点击率最高，内容曝光量最大，相当于“一线城市”，这里寸土寸金。所以，我们可以看到在很多产品的“首页”和“我的”页中的标题都被删除了，但是其余一级页面中的标题依旧被保留。就以上面提到的两款 APP 为例：B 站的首页和“我的”页中删除了标题，而支付宝 APP 只有首页和“口碑”页删除了标题。

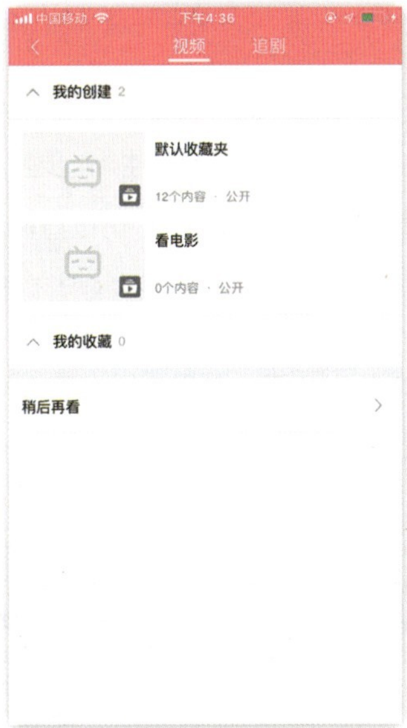

一级页面　　　　二级页面

图 4-67　一级页面可以删除顶部栏中的标题

图 4-68　标题会压缩用户的浏览区域

4.7.2 可点击

在大多数人的印象中，在顶部栏中，除左右两侧的按钮外，其余都是不可点击的。我们需要做出一些改变，因为可点击的区域越多，用户的操作步骤就可以越简化。例如，在虎扑 APP 中，帖子详情页顶部栏的专区标题是可以点击的，用户可以直接进入对应的专区首页。而在贴吧 APP 中，顶部栏中提供了“楼主”头像，用户可以点击关注或者查看他的主页，如图 4-69 所示。

在途牛 APP 的“我的”页中，如果用户当前是未登录状态，其顶部栏中的标题是可以点击的，这里的顶部栏可以被看成是登录 / 注册按钮，如图 4-70 所示。

图 4-69 合理利用顶部栏区域，减少用户操作步骤　　　　**图 4-70 “登录 / 注册”是可点击的**

在 One APP 界面中，顶部栏被做成下拉列表样式，用户可以点击并筛选内容类别，如图 4-71 所示。

另一个比较常见的例子就是在 iPhone 中点击状态栏后会快速返回至界面顶部。所有的这些转变我认为在以后会越来越多，因为随着一款产品不断迭代，其功能会越来越多，空间越来越紧张，所以其 1/10 的空间必须充分利用起来。在这个前提下，装饰性元素转变成功能性元素是一个必然的趋势。

极简化设计的一个重要理念就是**删减与用户任务无关的非功能性元素或者把装饰性元素转变成功能性元素。**

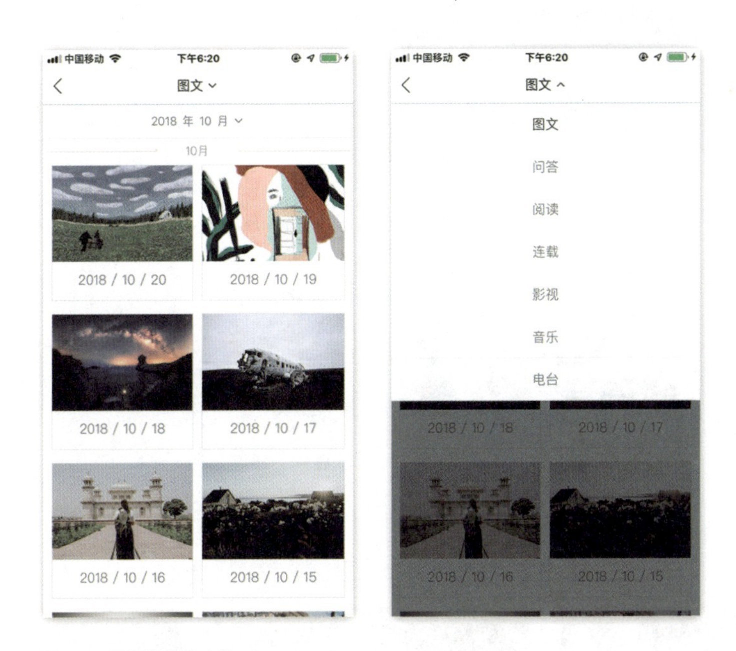

图 4-71　顶部栏筛选功能

4.7.3 背景色

关于顶部栏的另一个设计趋势是使用透明背景。透明背景的使用与删除标题的目的是一样的，都是为了节省界面的空间，如图 4-72 所示。

提到背景，下面说一下顶部栏的背景配色。常见的顶部栏背景色有四种：**品牌色、白色、深灰色和透明。**

品牌色背景的一大好处就是对顶部栏进行了品牌化处理，用户一看到就知道这是什么产品。虎扑 APP 的顶部栏直接使用的是品牌色背景加 LOGO，我不评判这种设计的好坏与否，但是我一看到顶部栏就知道这是虎扑 APP，从品牌化处理这个角度来说，它们是很成功的，如图 4-73 所示。

图 4-72 顶部栏透明背景

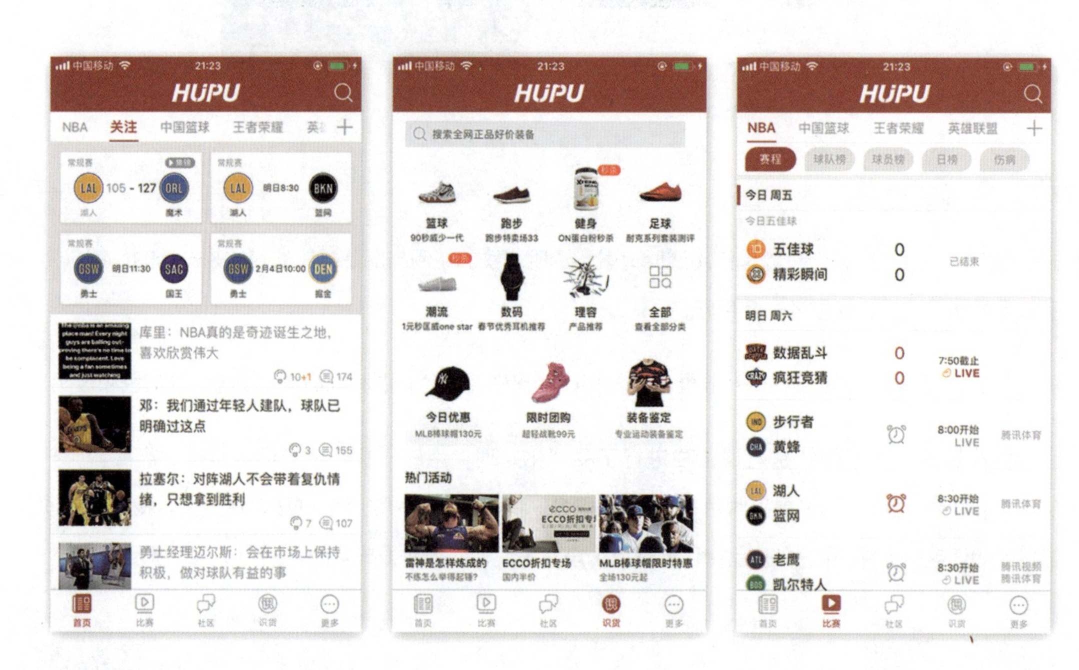

图 4-73 虎扑 APP 的顶部栏背景色是“虎扑红”

说到品牌化处理，曾经有一个朋友问我："支付宝 APP 里的 icon 在配色上为什么不统一使用蓝色，这样多和谐统一啊。"支付宝 APP 是一个体量非常大的产品，将其每个模块拎出来都可以做成一个 APP，都有其特有的标志色，例如网商银行的青绿色。但是不能盲目地进行品牌化处理，如图 4-74 所示，我们发现，将 icon 配色换成蓝色之后，界面完全丧失了层次感。

图 4-74　盲目品牌化会丧失层次感

除节省界面空间和品牌化处理外，影响背景色的另一个因素是用户目标。并不是每一个用户打开你的产品都带有明确的目的性，例如我打开京东 APP，可能我并不知道自己要买什么，只是单纯地想进来看一下；我打开喜马拉雅 FM 或者蜻蜓 FM APP，我都不知道自己想要听什么节目。在这种用户目标不明确的情况下，我们要让用户的注意力聚焦于内容本身，帮助用户尽快地挑选出自己感兴趣的内容。所以，我们在设计上要对顶部栏进行弱化，使用白色或者透明背景，避免对用户造成干扰。值得一提的是，蜻蜓 FM APP 在之前的版本中使用的是白色背景，后来又改成了透明背景。我们可以很明显地感受到其改版后界面空间利用率得到了提升，Banner 对于用户的吸引力也更强了，如图 4-75 所示。

图 4-75　蜻蜓 FM APP 对背景色的调整

4.7.4 导航栏

我还发现了一些产品没有使用底部导航栏，转而把顶部栏做成一级导航栏，类似于第 2 章提到的 MD 设计风格，常见的产品有 QQ 音乐 APP、酷狗音乐 APP 和酷我音乐 APP。这三款产品的界面布局非常相似，都舍弃了底部栏菜单，如图 4-76 所示。

这样做的好处在于用户可以一直看到播放进度条样式，可以直接进行暂停、播放、切歌等操作。而在网易云音乐 APP 中，用户如果想进行类似的操作，则需要点击界面右上角的 icon 进入播放界面，多了一个步骤。

QQ 音乐 APP 的顶部栏设计中包含了搜索框这个重要的功能，用户可以随时随地在其中搜索歌曲。而在网易云音乐 APP 中，则需要点击按钮回到“发现音乐”界面，多了一个步骤。看到这里，可能会有人说，既然顶部栏导航有这么多好处，那么干嘛还用底部栏导航。从导航体系来分析，网易云音乐 APP 的一级导航是通过底部栏菜单来完成的，其优势在于方便用户操作，如图 4-77 所示。其余三款产品的一级导航都是顶部栏，在大屏手机中用户的拇指很难触摸得到。

QQ音乐　　　　酷狗音乐　　　　酷我音乐

图 4-76　舍弃了底部栏菜单

4.7.5 隐藏

当我打开简书 APP 里的一篇文章时，发现顶部栏被隐藏起来，我继续向下阅读，一旦我往上滑动页面，顶部栏就会出现，如图 4–78 所示。

我们不妨去分析其背后的原因，用户向下滑动页面代表了用户正在阅读，为了增加阅读区域，我们选择隐藏顶部栏。而且用户向上滑动页面这个手势说明他中止了当前的阅读流程。出现这种情况有两个原因：一是内容写得太差了，用户不感兴趣，要返回到上一级页面。二是内容写得太好了，用户想要知道文章的标题或者作者信息。我发现这种“下滑隐藏，上拉出现”的设置在 ONE APP 和知乎 APP 里都存在，不过简书 APP 里展示的是作者专栏，而知乎 APP 里展示的是文章标题，如图 4–79 所示。

另一款同类产品人人都是产品经理 APP 就比较特立独行了，其全程都隐藏了顶部栏，这么做也能让人理解，因为其返回按钮是被放在底部栏中的，如图 4–80 所示。

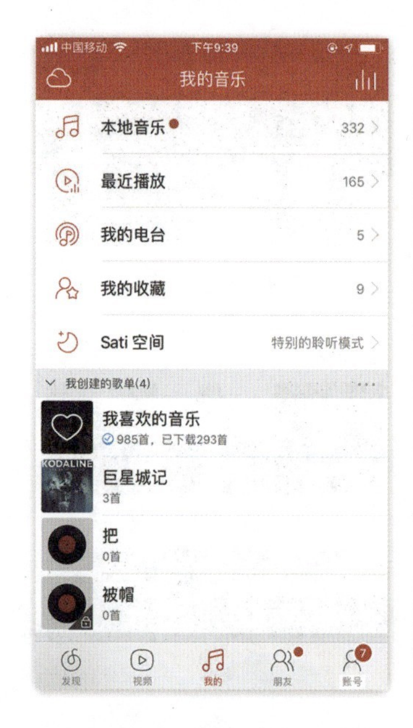

下滑

上拉

图 4-77 一级导航是通过底部栏菜单完成的　图 4-78 顶部栏被隐藏

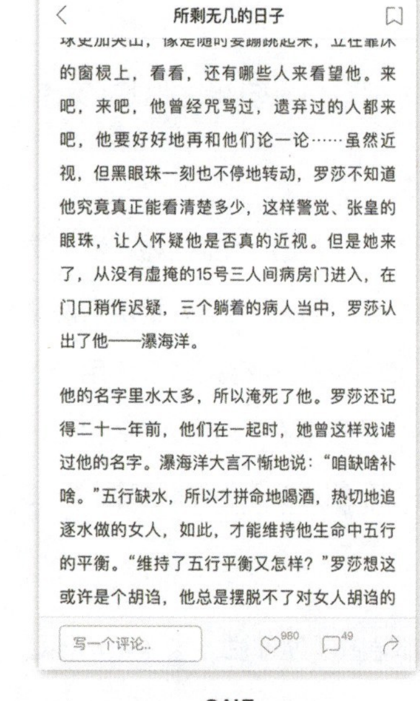

ONE

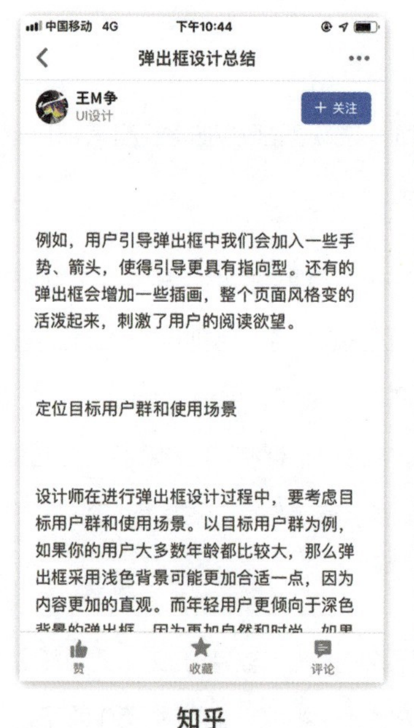

知乎

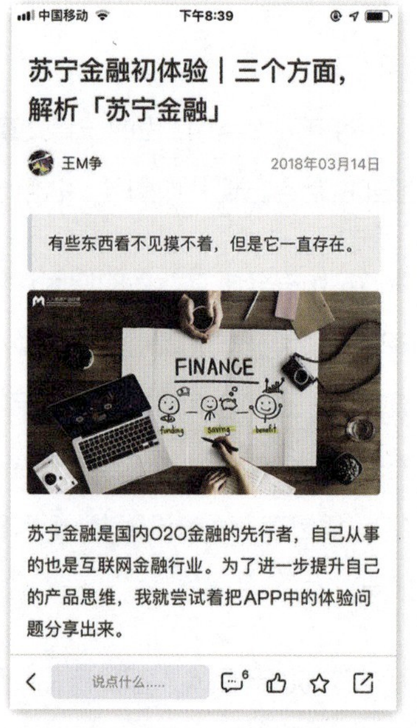

图 4-79 “下滑隐藏，上拉出现”

图 4-80 人人都是产品经理 APP 隐藏了顶部栏

第 5 章 组　件

很多组件在功能上具有相互重叠的地方，一旦一个功能可以由多个组件来完成，我们就必须找出最优的方案。

5.1 弹框

弹框对设计师来说一直都是一个“老大难”问题，很多有经验的设计师也不见得完全弄懂了弹框的分类以及具体的使用场景。我所就职的第一家公司的产品中的弹框全是用的对话框，第二家公司的产品中的弹框基本用的都是 Toast，这真是从一个极端走向另一个极端！

弹框本身是一个很笼统的概念，而非一个专业的术语，它代表的是多种临时视图的集合。为了弄懂究竟什么是弹框，我们首先要了解弹框的具体分类。弹框可以分为**模态弹框与非模态弹框**，如图 5-1 所示。两者最大的区别在于**是否强制用户交互：模态弹框出现以后，如果用户不在弹框上操作，则其余功能都使用不了；而非模态弹框在出现一段时间以后会自动消失或者不影响用户的正常操作。**

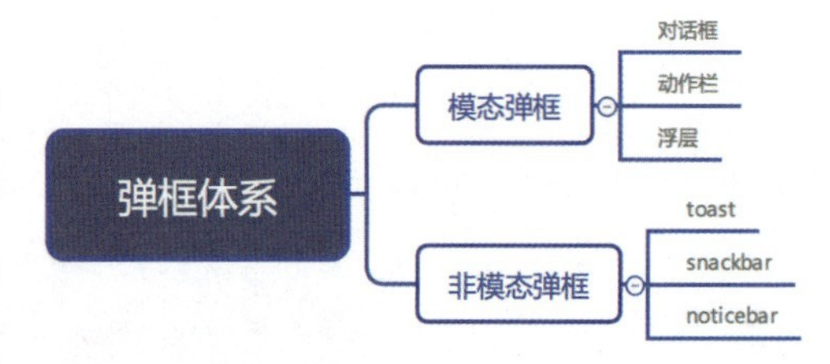

图 5-1 模态弹框与非模态弹框

5.1.1 模态弹框

从上面的描述中，我们不难看出，模态弹框的优缺点都十分明显：**优点是可以很好地获取用户的视觉焦点；缺点是打断了用户当前的操作流程。**模态弹框属于一种重量性反馈，一般用于**用户进行重要且不可逆的操作或者系统状态发生了明显变更时。**

常见的模态弹框种类有对话框（Dialog/Alert）、底部动作栏（ActionSheet/ActionView/Bottom Sheets）和浮层（Popover/Popup）。因为现在 iOS 和 Android 系统中的很多组件都是通用的，所以下面对于过于相似的组件，只介绍其中一种。

1. 对话框

对话框一般用于用户在进行一项很重要、有风险或不可逆的操作时，此时会弹出一个对话框用于向用户提示信息，用户根据提示信息进行后续操作。当然也可以向用户告知系统当前的状态。

对话框一般会出现在屏幕的中间位置，会对页面中的主要内容造成遮挡，如图 5-2 所示。从另一个方面来说，对话框可以更快地吸引用户的注意力。

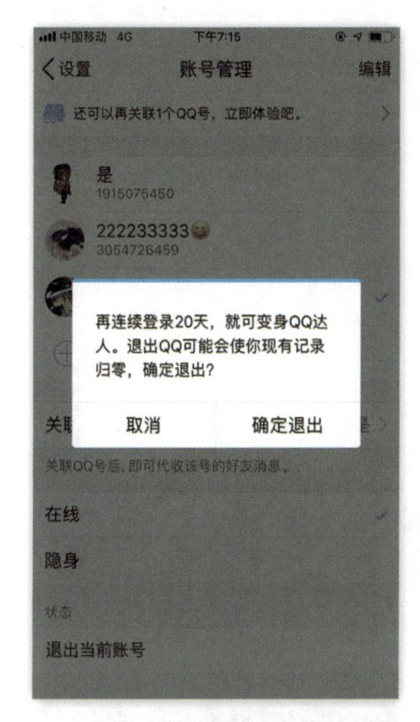

有风险、不可逆的操作需要用对话框提示用户

图 5-2 对话框一般出现在屏幕的中间位置

对话框是我们最常见的模态弹框样式，其种类繁多。根据底部按钮样式，可以将对话框分为单按钮对话框、双按钮对话框和多按钮对话框，如图 5-3 所示。这里列举的都是 iOS 风格的对话框样式，MD 风格的对话框样式读者可以在网上自行了解一下或者可以查看 2.1.4 节。

对话框可以作为一个容器，我们可以在其中加上输入框，这样用户就不需要打开一个新的页面来完成信息的录入，从而给予用户更便捷的体验。

还可以将对话框做成活动页的样式，用于营销宣传。因为营销活动经常变化，所以针对营销宣传的对话框在设计规范上不做过多要求。近来有很多产品将对话框的关闭按钮放在页面底部，而不是传统地放在页面右上角，如图 5-4 所示。从易用性的角度来说，关闭按钮放在页面底部肯定更容易让用户点击，降低了操作难度。当然降低了操作难度也不一定都是好事，让用户更容易关闭对话框可能会降低活动的点击量，具体选择哪种方式需要仔细斟酌。

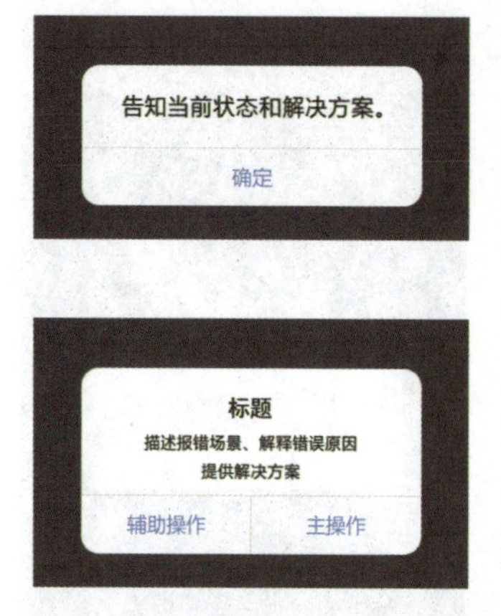

图 5-3 对话框的常见样式

图 5-4 活动弹框的关闭按钮放在哪里更合适？

2. 底部动作栏

底部动作栏是指从页面底部向上滑出的面板的统称，在 MD 设计规范中被称为 Bottom Sheets。在 iOS 设计规范中则被分为 Action Views 和 Action Sheets 两种，如图 5-5 所示。

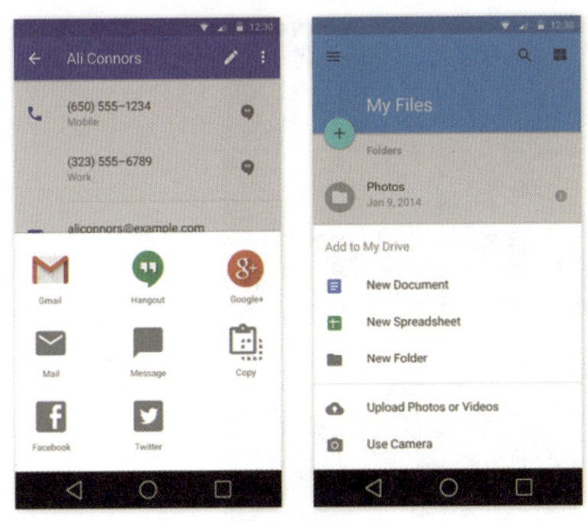

Bottom Sheets

Action Views

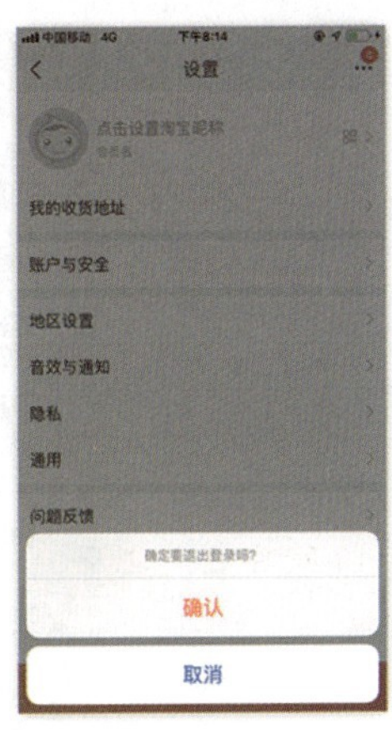

Action Sheets

图 5-5　底部动作栏常见样式

不管是 MD 还是 iOS 设计规范，给的都只是一个指导意见，并不是说底部动作栏都只能这样做。**底部动作栏的本质就是一个操作选项的容器**，操作选项的布局样式有两种：列表式布局和宫格式布局。列表式布局适合展示的选项不多，一般为 2 ~ 5 个，多用于用户进行操作确认或者发起一项新的任务时。

看到这里可能读者会有所疑惑：同样是模态弹框，到底什么时候使用对话框，什么时候使用底部动作栏呢？其实两者的使用场景并没有明显可供区分的边界，例如用户想删除一首歌，“确认删除”的提醒通过对话框和底部动作栏都可以完成。但是对我而言，我更喜欢使用底部动作栏，因为它对界面中的内容的遮挡更少。因为用户想删除的歌曲，大多会出现在界面的中央位置，如果使用对话框，则会直接遮挡要删除的歌曲，让用户无法确认删除操作，如图 5-6 所示。

底部动作栏和对话框的另一个区别在于：**如果该项操作具有风险性，则底部动作栏是确认（confirm），而对话框是询问（ask）**。什么意思？确认的前提是默认用户对此项操作风险是可知的，用户只要回答“是 / 否”；而询问是不可知的，需要向用户解释，解释就意味着要加上文字说明。以图 5-7 为例，同样是清除缓存，用户点击“清除音乐缓存”功能后弹出的是底部动作栏，因为系统默认大部分用户都明白清除缓存的意思，所以这里只需进行一下确认。而对于关闭“跑步 FM 离线包”操作可能大部分用户不明白这是什么意思，所以要使用对话框告知用户操作的风险性，询问其是否要继续操作。而底部动作栏不太适合展示过多的文字，所以询问类提示不适合使用底部动作栏。

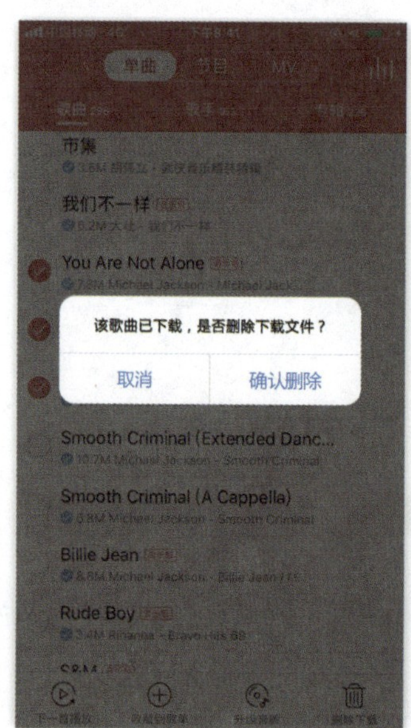

图 5-6 用户的视线一般会落在界面中央

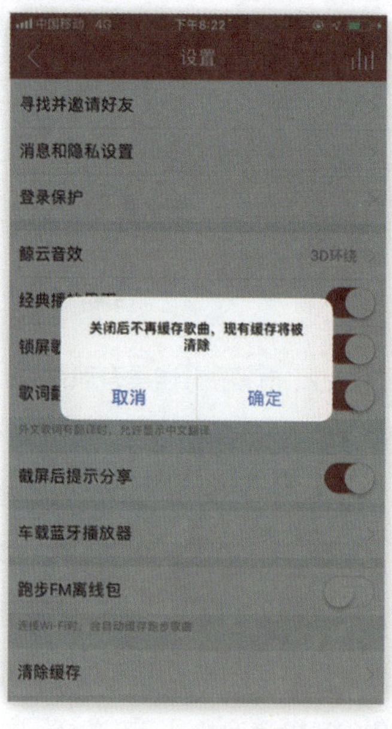

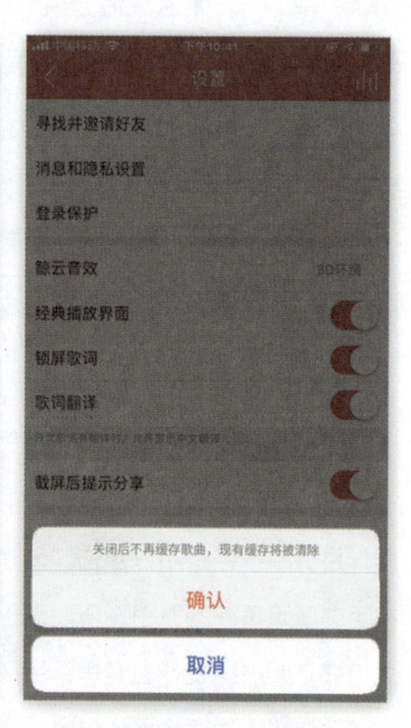

底部动作栏不适合承载文字

图 5-7 底部动作栏是确认，对话框是询问

3. 浮层

浮层在 iOS 设计规范中被称为 Popover 和 UIMenuController，它是用户点击控件或者界面中的某一个区域后浮出的半透明的临时视图，如图 5-8 所示。浮层的特点在于可以出现在页面中的任何位置，能够给用户更具有指向性的提示。**如果一个页面中有多个同类元素，为了帮助用户确定具体的操作对象，弹框应该具有指向性。**

图 5-8 浮层

例如，QQ 聊天记录中的图片，如果用户想直接对某张图片进行转发操作，则弹出的是 UIMenuController，而不是底部动作栏。这是因为在这一屏中有好几张图片，如果使用底部动作栏，则用户无法确定要转发的是否是他所期望的那张图片。但是，一旦用户点击进入大图模式，就可以确定所操作的对象，因为只有这一张图，那么操作选项就会被以底部动作栏的样式展示出来，如图 5-9 所示。

下面对上面的三种模态弹框样式做一个小结。

（1）如果需要向用户告知当前系统的状态或者用户在进行一些重要且有风险的操作时，则优先考虑使用对话框；

（2）如果需要向用户展示多个操作项，则优先考虑使用底部动作栏；

（3）如果需要让用户明确不同视图之间的关系，给予用户更具指向性的提示，则优先考虑使用浮层。

以上提到的只是最常见的三种模态弹框样式，这只是规范，并非指模态弹框只能做成上面的三种样式。

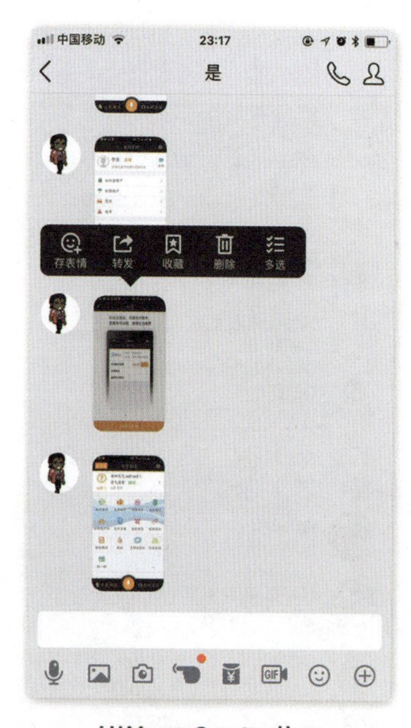

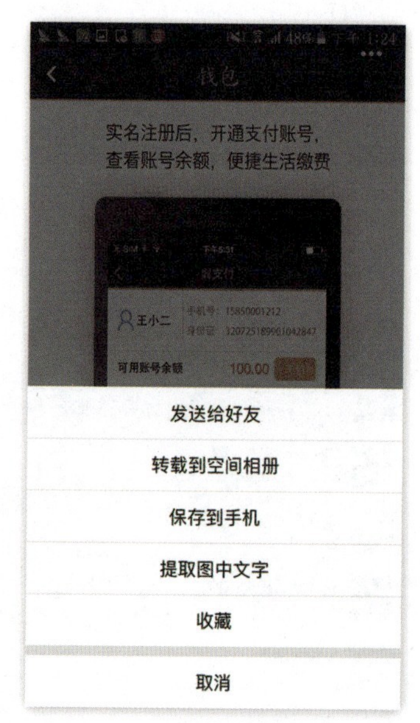

图 5-9　浮层可以给用户更具指向性的提示

5.1.2 非模态弹框

与模态弹框相比，非模态弹框最大的特点是不强制用户交互，也不会弹出半透明背景层，大多数非模态弹框在停留一段时间后会自动消失。所以，相对模态弹框来说，非模态弹框属于轻量型的反馈方式，不会对用户造成太大的干扰。常见的非模态弹框有 Toast（HUD）、Snackbar 和 Noticebar。

1. Toast

Toast 主要用于在用户完成操作以后，告诉用户操作结果或者状态的变更。大家或许会不解：前面提到了状态的变更通过对话框也可以完成，这里又提到了 Toast，到底什么时候使用 Toast，什么时候使用对话框？因为 Toast 在出现一段时间后会自动消失，而且可能会被用户禁用，所以使用对话框还是 Toast 取决于信息的重要程度：如果这条信息的优先级很高，必须要保证用户可以看到，那么应该使用对话框。例如，前面介绍过有一个用户要提现，输入提现金额并点击“提现”按钮后，可是页面一直没有反应。这是因为该用户的实名认证等级不够，而用户又把 Toast 给禁用了，导致用户一直没有收到实名认证等级不够的提示。后续的解决方案是使用对话框代替 Toast 引导用户完成实名认证，因为用户无法禁用对话框。

Toast 其实属于 Android 组件，在 iOS 里有一个与其相似的组件是 HUD，其最常见的应用就是音量调节提示。但是现在 iOS 和 Android 的界限不断被打破，Toast 现在也被广泛应用于 iOS 的界面设计中。如果我们去看 Android 的设计规范，就会发现 Toast 有以下几个特点：

（1）只出现在屏幕底部；

（2）只能放文字；

（3）属于非模态弹框。

其实，真实的 Toast 是可以出现在屏幕中的任何位置的，而且可以加 icon，甚至连背景色都能设置，如图 5-10 所示。**所以，设计师不仅要知道那些设计规范，还要花一点时间跟开发人员沟通，因为设计规范是死的，而技术是不断在革新的。**

Toast 的优点是不会打断用户当前的操作流程，属于轻量型的反馈方式。其缺点是容易被用户忽视，而且不适合展示过多的信息，可能在用户读完信息之前就消失了。为了提升信息的可读性和增加样式的美感，现在 Toast 都会采用文字 +icon 的组合样式。

2. Snackbar

Snackbar 一般是由文字和功能按钮组成的，用户可以点击按钮进行交互，即使用户不点击 Snackbar，它也会自动消失。从通俗意义上来说，我们可以把 Snackbar 看成可点击的 Toast，如图 5-11 所示。

Snackbar 非常特殊，虽然它属于非模态弹框，但是它也有模态弹框的一些特点。例如 Snackbar 也有按钮来供用户交互；此外，Snackbar 一般会出现在界面下方，这一点又和底部动作栏很像。

上面介绍的只是传统的 Snackbar 样式，京东 APP 对于网络故障的提示采用的就是非传统的 Snackbar，如图 5-12 所示。非传统的地方在哪里？它会一直出现，直至网络恢复正常。

Toast的背景色和位置都可以设置的

图 5-10 Toast

图 5-11 Snackbar：可点击的 Toast

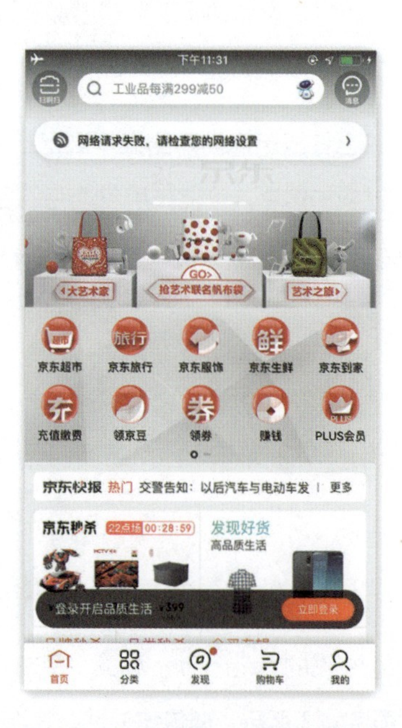

图 5-12 可以设置 Snackbar 的持续时间

3. Noticebar

最后给大家推荐一个我很喜欢的非模态弹框：Noticebar 通告栏。其实它是否属于弹框还存在争议，但是我觉得它属于临时视图的范畴，而且可以起到提示用户的作用，所以把它放到非模态弹框里。

我比较推崇 Noticebar 的原因是：**它是仅有的两种在不影响用户正常操作的前提下，可以给予用户持续性提示的弹框之一，特别适合系统状态变更或者活动提醒这种需要用户关注，但是又不需要立即去操作的场景。**

另一个就是在前面说的京东 APP 里的 Snackbar，不过那里的 Snackbar 的位置是固定的，浮于界面所有元素之上，所以会对界面内容造成遮挡。而同样的网络故障提示，微信用的是 Noticebar，用户滑动屏幕以后就会看不到，成为内容的一部分，不会造成遮挡。如果使用对话框，一旦检测出网络故障就提示用户，则会严重地干扰用户的正常操作。此外，其他的弹框一次性只能出现一个，而 Noticebar 一次性可以出现多个。如图 5-13 所示，其在提示当前播放歌曲的同时，还能执行网络故障的报错。

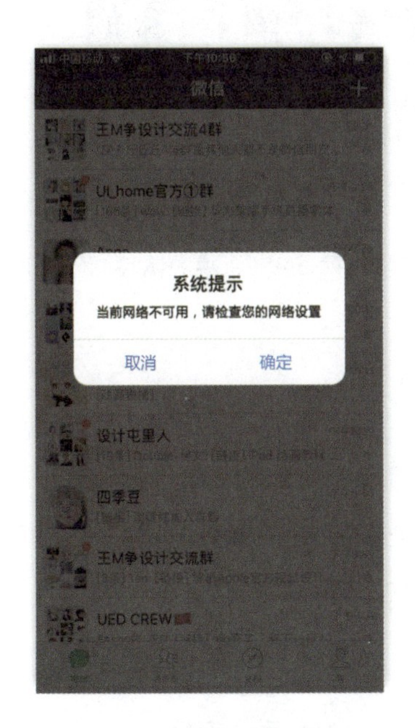

图 5-13 Noticebar 一次性可以出现多次

5.1.3 弹框体系的建立

虽然我花了大量的篇幅介绍几种主要弹框的样式和用法，但是我并不建议大家过度使用弹框，因为任何形式的弹框都会对用户造成干扰。为什么读纸质书和在手机中阅读会有很大的区别呢？因为纸质书里没有其他东西干扰你，而手机会时不时弹出一些信息让你无法专心阅读。

弹框是游离于界面内容之外的，属于异类。就好比在《第 10 放映室》节目的下期预告中没有专门做一个视频而是简单地放了一个通知，如图 5-14 所示。**当我们想给用户传递一个信息时，弹框应该是我们最后的选择。**弹框体系的建立和优化原则可以用一句话概括：**能不用弹框就不要用弹框，能用非模态弹框就不要用模态弹框。**

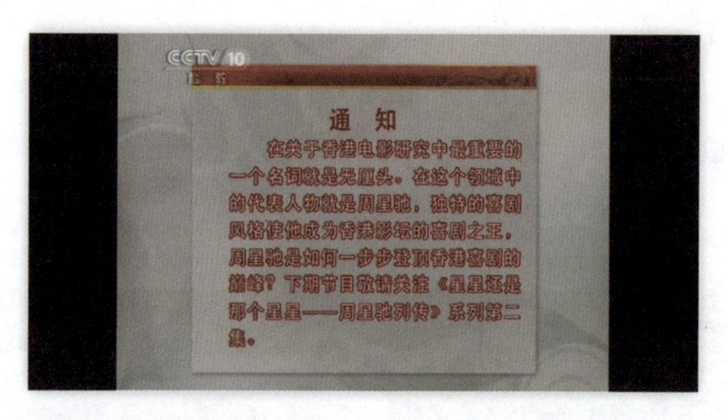

图 5-14 “图省事”的下期预告

因为任何弹框都会对用户造成干扰，即使是最轻量型的 Toast。从用户体验的角度来说，在操作流程中所受到的干扰肯定是越少越好。

1. 明确优先级

优先级不同的信息应该获得不同的视觉权重，因此视觉权重最大的模态弹框应该展示重要的内容。所以，我们要对需要展示的信息进行优先级排序，真正重要的信息才可以使用模态弹框。只有低频而又合理地使用，用户才会当回事儿，过度使用会让用户产生“狼来了”心理。

在这里需要特别强调一下，重要的提示信息最好不要使用 Toast，因为在某些 Android 手机中，用户在禁用系统通知时会把 Toast 给禁用了。所以，为了避免用户遗漏重要的信息，重要的信息禁止使用 Toast。

2. 多态按钮

使用多态按钮也可以帮助我们释放弹框的压力。因为弹框主要用于反馈场景，而反馈大多数是通过用户点击按钮触发的，如果按钮通过自身状态的改变就可以完成反馈，那么不需要弹框了，如图 5-15 所示。

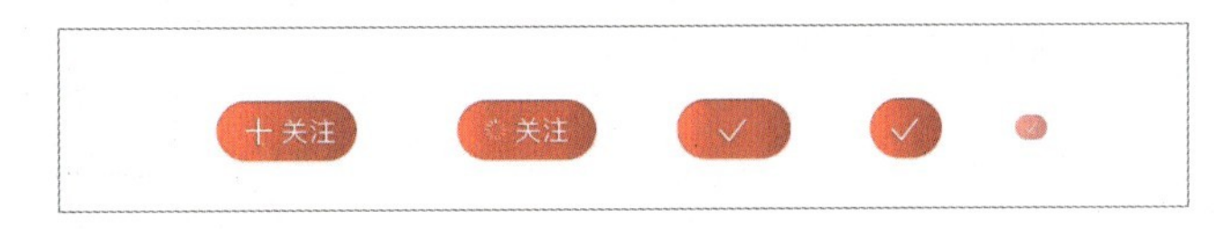

图 5-15 用动画替代弹框

3. 多机型与多场景

当设计师将自己所做的弹框设计规范交由开发人员的时候，必须要自己全程跟踪开发进程，保障用户体验的质量。这里举一个例子，当让用户用手势密码解锁时，一般我们会选择使用对话框报错。如果是在 iOS 手机中，那么“再试一次”对话框会发生抖动，但是在某些 Android 手机中，“再试一次”对话框不会发生抖动，这就造成了一个问题：用户无法分辨第二次、第三次报错提示的区别，他会以为手机没有响应，然而实际上他已经尝试指纹解锁好几次了，但是都失败了，如图 5-16 所示。所以，弹框设计还要考虑不同的手机系统和机型。

“再试一次”对话框左右晃动

图 5-16 某些 Android 手机无法实现晃动效果

5.2 表单

表单是产品设计中的重要组成部分，如果说弹框的主要作用是完成信息反馈，那么表单的主要作用就是完成信息录入。任何一个表单都可以被拆解成三个最基本要素：标签（标题）、输入框和按钮，如图 5–17 所示。

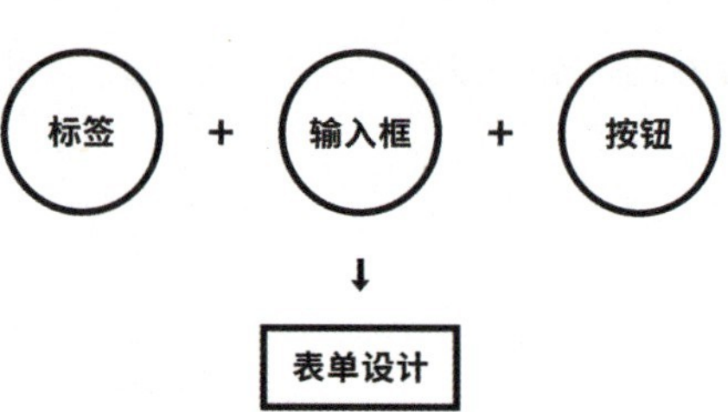

图 5-17 表单的基本要素

标签是用来告诉用户这个列表项是什么的；输入框是供用户完成信息录入的；按钮是供用户完成信息录入后点击进入下一个流程的。

5.2.1 标签

根据标签所处的位置，可以将其分为左标签、顶部标签和行内标签，如图 5–18 所示。

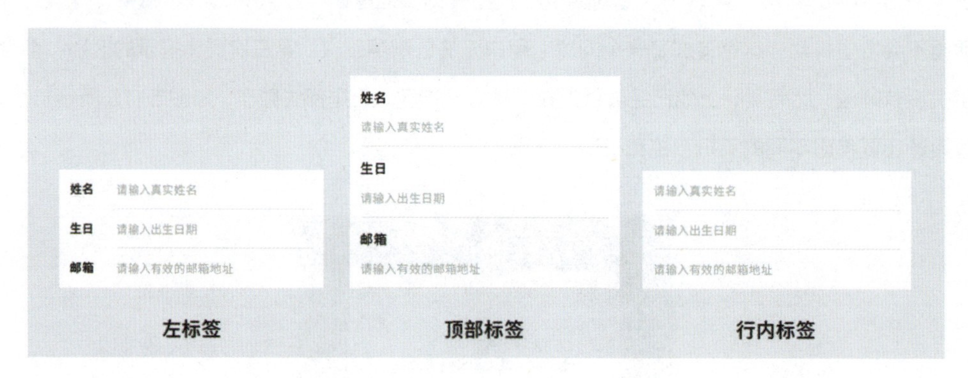

图 5-18 左标签、顶部标签和行内标签

1. 左标签

左标签在目前来说是最常见的一种标签样式，但是这并不意味着我们可以无所顾虑地使用它。以手机端为例，手机端的屏幕尺寸（宽度）有限，左标签会占据屏幕较大的空间，此时右边的输入框就可能无法展示完整的信息，如图 5–19 所示。

例如，如果用户输入的地址过长，就会造成信息的展示不完全，这对用户体验来说是致命的。因为用户在进行下一步操作之前都会对输入的内容进行审核确认，如果连完整的内容都无法获知或者获知的难度较大，则用户根本不会进行下一步操作，这就造成了操作流程的中断。所以，我们在使用左标签的时候，一定要考虑对多行文本的展示。

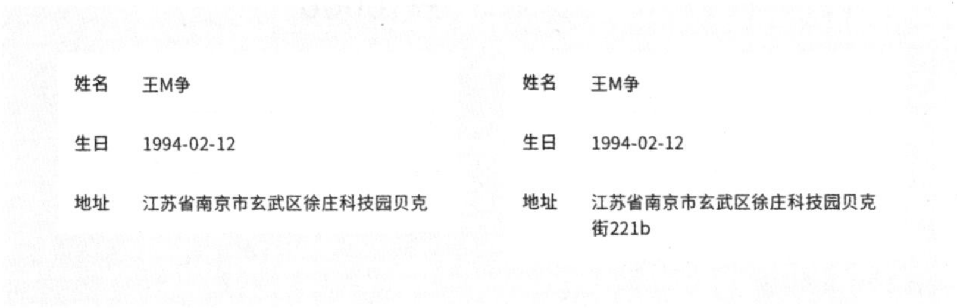

姓名　王M争
生日　1994-02-12
地址　江苏省南京市玄武区徐庄科技园贝克
姓名　王M争
生日　1994-02-12
地址　江苏省南京市玄武区徐庄科技园贝克街221b

图 5-19 左标签会占据屏幕空间

2. 顶部标签

顶部标签是指位于输入框上方的标签，这样输入框就可以独占整个页面，信息可以得到更完全的展示，如图 5-20 所示。

姓名　王M争
生日　1994-02-12
地址　江苏省南京市玄武区徐庄科技园贝克
姓名
王M争
生日
1994-02-12
邮箱
江苏省南京市玄武区徐庄科技园贝克街221b

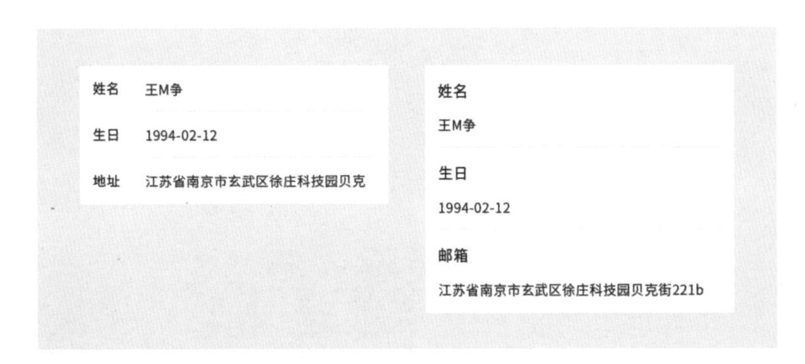

图 5-20 顶部标签可以让信息得到更完全的展示

与左标签相比，顶部标签可以给输入框的内容腾出足够的空间。在界面设计中，**更多的空间还意味着具有更高的信息层级**。同一个表单中会有很多的输入项，有些输入项的优先级很高，我们可以考虑使用顶部标签的样式来进行凸显，如图 5-21 所示。

但是这种布局方式也有缺点：会占据更多的纵向空间，之前一屏就可以展示的内容，现在用户需要滑动页面才可以看完。

图 5-21 顶部标签

3. 行内标签

行内标签又可以被看成是输入提示，其样式看起来很适合手机端的表单设计，因为它可以极大地节省页面空间。但是一旦用户点击切换到输入状态以后，就看不到这些标签了，如图 5-22 所示。如果操作提示字数很多，例如密码规范，那么用户会记得很辛苦。我们可以在调起的键盘顶部加上提示，减少用户的记忆成本。

图 5-22 键盘提供输入提示

但是，如果表单项目过多，则用户在填写的时候很容易串行，可能会出现把家庭住址填到毕业院校一栏中的情况。更严重的是，用户因为无法看到标签，这类错误是无法被检查出来的。

为了解决这个问题，我们可以在行内标签前加一个图标来标识这个列表项，图标所占据的空间不会太大，而且会提高页面的美观性。

当表单项目过多时，我们要对其进行整合分组来提升内容的可读性。如图 5-23 右图所示，这里将 15 个字段分成 3 组。同样的内容，但给用户的印象却大不相同。

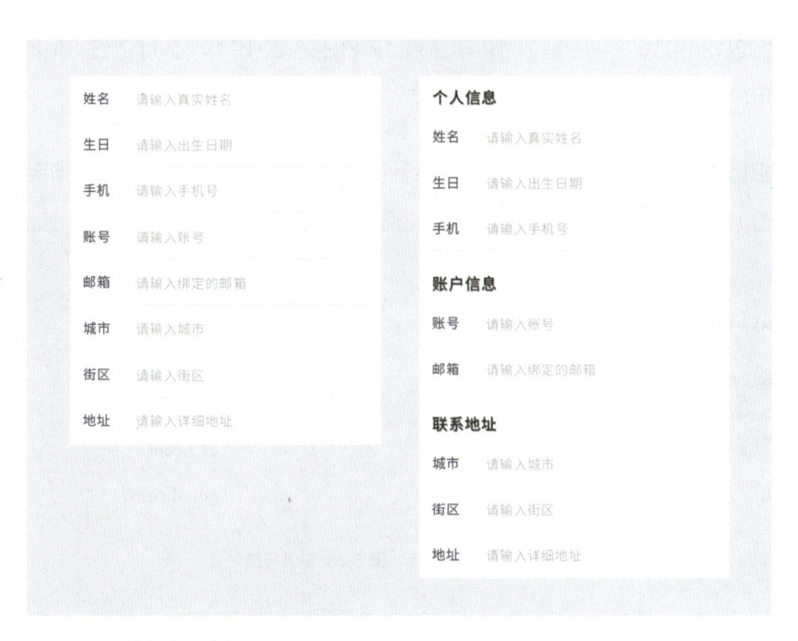

图 5-23 对信息整合提升内容的可读性

5.2.2 输入框

输入框的作用是供用户完成信息录入，这里我们的设计思路是如何**提升信息的录入效率**。我见过很多设计师偷懒，把所有的输入框都做成文本框样式，用户必须调起键盘一个字一个字地输入，这种体验是非常不友好的。以图 5-24 所示的表单为例，其中的生日和城市就应该使用日期和城市组件，而不是让用户手动输入。组件的使用在 5.5 节会详细说明，这里就不再赘述了。

即使非要让用户手动输入，我们同样可以根据不同的场景给用户提供更友好的体验。如果要输入的是数字，那么应该给用户调起数字键盘；如果要输入文本，那么应该给用户调起全键盘，避免用户手动切换键盘。

5.2.3 容错性设计

在理想状态下，用户填写完表单信息，然后点击“提交”按钮，系统显示提交成功。但是，现实情况却是用户在填写过程中经常会发生错误，那么如何将容错性原则融入表单设计中呢？

首先我们需要给予用户足够的操作提示，日期录入就是最典型的例子。不同的地区对于日期录入的格式也不一样，“02/12/2019”到底是 2019 年 2 月 12 日还是 2019 年 12 月 2 日（见图 5-24）？如果我们不提示用户，用户就不知道应该怎么输入。

为了避免用户犯错和提升用户的信息录入效率，我们可以提供自动完成录入功能，当用户在文本框里输入时，系统可以猜测可能的答案，显示可选列表，避免了用户手动输入造成的错误，如图 5-25 所示。

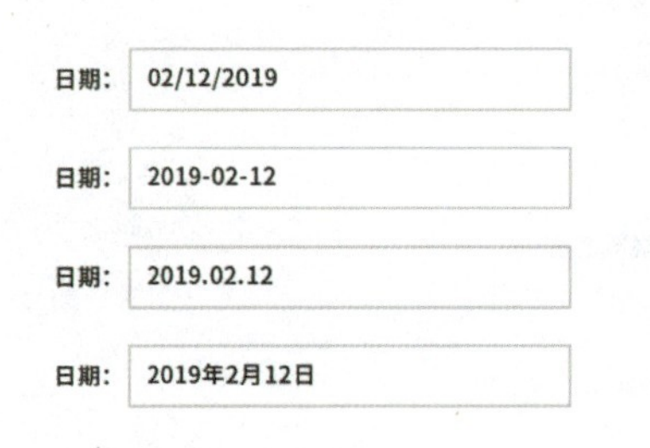

图 5-24 多种日期格式

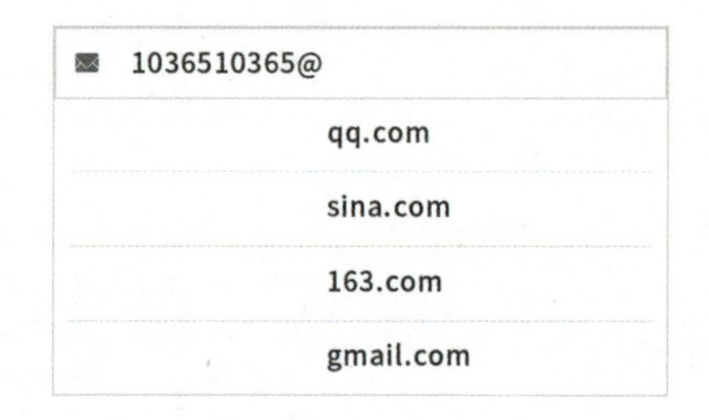

图 5-25 提供可选列表

如果你确定对用户足够了解，在用户进行信息录入时，可以提供合理的默认值。因为对用户来说，填写信息永远都不是一件有趣的事情，设置合理的默认值可以节省用户的操作时间。

能让系统完成的任务，就尽量不要让用户来操作。用户会犯错，而系统不会。表单容错性设计的另一个方向就是梳理表单中的鸡肋项目。

现在很多的购票类 APP 都提供送票上门的功能，这就需要用户填写收货地址。以交通出行类 APP 飞猪、途牛和去哪儿为例，其中，如图 5-26 左侧两张图所示，飞猪和途牛都需要用户填写邮政编码，而在去哪儿中则是选填的，如图 5-26 右图所示。其实根据用户填写的地址，我们已经可以获取到邮政编码，邮政编码完全可以自动回显，不需要用户手动输入。

而在小米有品 APP 中就可以根据用户填写的地址回显邮政编码，如图 5-27 所示，这看起来很方便。

这只是看起来很方便，我们可以继续思考一下：如果系统完全可以根据用户填写的地址获取到邮政编码，那么邮政编码这一项完全可以不在界面中露出。其实很多产品在用户填写收货地址的时候已经不需要用户填写邮政编码了。

图 5-26　鸡肋的邮政编码

对于容错性原则，我们还要考虑如何给用户展示合理的报错提示。目前来说，我们经常看到的一个报错提示样式是对话框。在我看来，对话框并不是一个好的选择。因为用户如果要进行修改，就必须要关闭对话框，那么用户就看不到错误信息了。如果错误原因和解决方案的字数较多，那么用户就需要花一定的时间记住这些信息，然后再来修改，这会增加用户的记忆负担。如何才能设计好表单的报错提示呢？表单中的报错提示可以分为两种：**单行表单报错提示和多行表单报错提示。**

单行表单中意味着在当前界面中表单只有一行输入框，其一般用于手机号、银行卡号、身份证号和金额的录入。对于此类场景，建议使用输入框底部的文字报错提示样式，并且要对录入的信息进行实时校验，不要等到用户进入下一个界面才告知用户在上一个界面中手机号输错了，如图 5-28 所示。

实时校验出手机号的错误，及时反馈给用户

图 5-27 根据所在地区回显邮政编码，不需要用户输入

图 5-28 报错提示必须具备实时性

给多行表单进行报错提示时，除告知传统的错误原因和解决方案外，还应该告知用户错误的位置。因为在一个界面中，有很多的输入项，用户在短时间内无法把报错提示和错误项联系起来，因此，为了提升用户对于错误场景的感知效率，对错误项进行标记是非常有必要的。具体的实现方式有**改变文字颜色、输入框背景色和设置提示文案抖动**。以图 5-29 为例，这里通过改变文字颜色或输入框背景色来标记错误位置，用 Toast 告知用户错误原因和解决方法。我们也可以不改变配色，让该输入框左右抖动也能起到快速标识的作用。

5.2.4 按钮

表单中的提交类按钮按照位置可以分为以下三种，如图 5-30 所示。

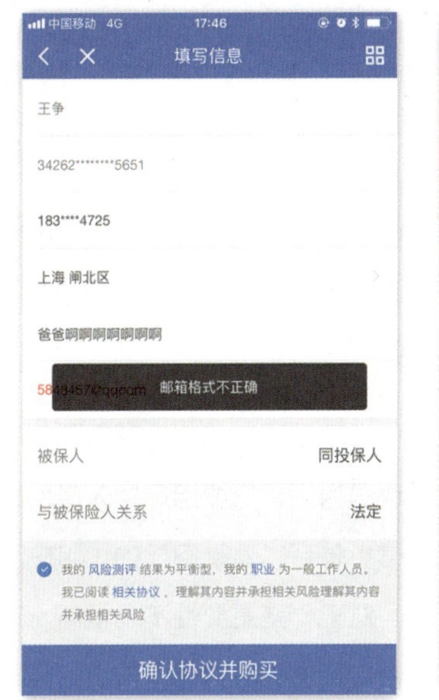

文字颜色　　　　输入框背景色

图 5-29　多行表单应该对报错项进行标识

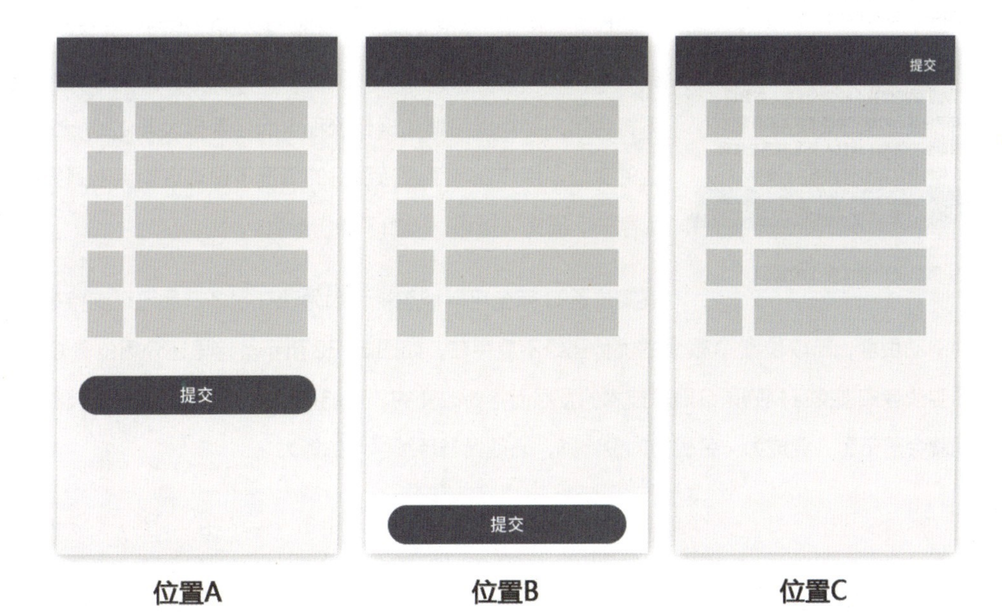

图 5-30　提交按钮的三种方案

其中位置 A 是最常见的布局样式，这样的布局符合用户的视觉习惯和操作流程：用户由上而下完成表单信息的填写，最后点击“提交”按钮进入下一个页面。但是这种布局有一个问题：如果表单项目过多，则用户必须滑动页面才能完成提交操作。

位置 B 跟位置 A 很相似，唯一的区别在于位置 B 是固定在页面底部的。那么位置 B 跟位置 A 的适用场景有什么不同呢？位置 B 意味着用户在不用滑到页面底部的情况下就可以点击“提交”按钮，那么在什么样的场景下用户不用滑到页面底部就可以提交呢？

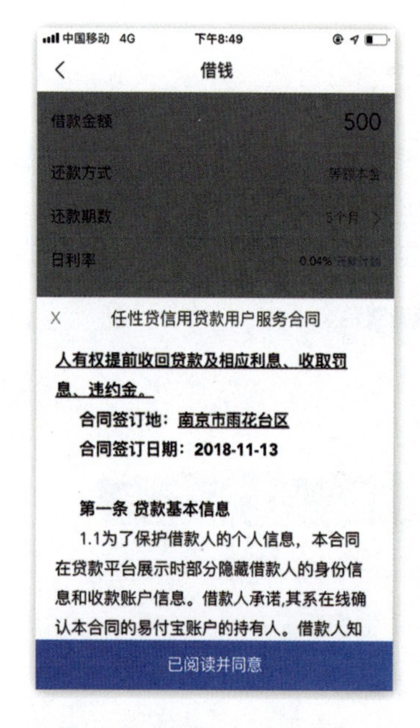

图 5-31 用户很少看（完）的协议

其实在很多表单中，不是所有的信息都需要用户手动录入的。以前面提到的邮政编码为例，只要用户输入了地址，系统就能获取邮政编码，相关信息是可以直接回显的，用户没有看到此类信息的必要性。所以，对于一些重要性不是很高、不强制用户看完的表单项目，很适合使用这类底部悬浮按钮。最常见的就是各种协议页，如图 5-31 所示。

位置 C 出现的原因在于，对于前两种方案，当调起键盘时就会遮住“提交”按钮，用户必须先关闭键盘才可以点击“提交”按钮，多了一步操作。而位置 C 可以完美解决键盘遮挡的问题，但是其不符合用户的视觉习惯和操作流程。而且手机大屏化是一个不可逆的趋势，用户在单手握持手机的情况下很难直接点击到界面右上角的“提交”按钮，增加了操作难度。

其实位置 C 完全可以被忽视，因为现在很多产品已经支持在调起键盘时滑动页面，所以位置 C 最大的优势已经不复存在，如图 5-32 所示。这里还介绍位置 C 的原因是希望读者知道交互规则是会随着技术的发展而不断改变的，可能在这本书里提到的一些技法过一段时间就会落伍了。要成为一名优秀的设计师，必须具备持续学习的能力。

图 5-32 调起键盘依然可以滑动页面

5.3 tab

tab 是最常见的组件之一，为了让读者更好地了解 tab，下面首先对 tab 进行分类，这里我所分类的依据是位置。根据 tab 在界面中所处的位置，我们可以把 tab 分为**顶部栏 tab**、**侧边栏 tab** 和**底部栏 tab**。在导航体系中，我们会将其分别称为顶部栏菜单、侧边栏菜单和底部栏菜单，这都是一个意思，只是说法不同，如图 5-33 所示。

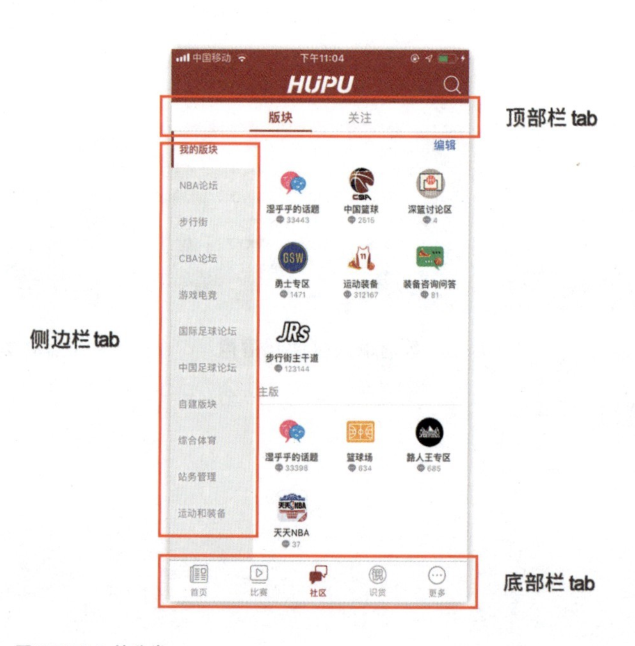

图 5-33 tab 的分类

5.3.1 位置

如图 5-33 所示，虎扑 APP 的这个界面非常具有代表性，因为这三种 tab 样式出现在同一个界面里，方便我们进行分析。从导航体系的层级来说，底部栏 tab 属于一级导航，顶部栏 tab 属于二级导航，而侧边栏 tab 属于三级导航。这种划分标准其实是由用户的拇指活动范围决定的，或者说是由“拇指法则”来决定的，如图 5-34 所示。

图 5-34　拇指法则

一级导航 tab 是用户使用最频繁的，所以必须要让用户的拇指很容易就能操作，而侧边栏 tab 和顶部栏 tab 相对来说都属于“边陲地区”，用户的拇指很难够得到，手小的用户甚至要借用左手（在右手握持手机的情况下）或改变握持手机的姿势，这肯定不是一个令用户满意的体验。

其实这也给了我们一个启发，在设计移动端产品界面时，一定要把设计稿放在手机中看一看，自己操作一下来测试易用性。产品必须要让用户的手指操作起来很舒服，要解放用户的手指。对于一些使用频次很高的功能，最好让用户可以单手很方便地完成操作。我之前听到一个朋友抱怨在微信中发语言消息不方便，因为在右手单手握持手机操作的时候，拇指很难够得着语音图标。我尝试着把语音图标和表情图标对调了位置，发现效果并不理想，如图 5-35 所示。

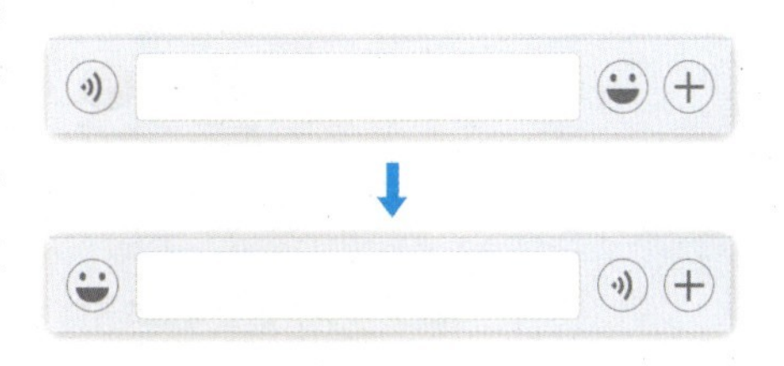

图 5-35　功能的优先级和使用频次决定了其位置

对于习惯右手握持手机聊天的微信用户来说，图标位置变了，虽然发语音消息更方便了，但是“斗图”就很困难了。位置的争论其实反映了不同的诉求：用户是倾向于发语音消息还是发表情图片？更愿意“斗图”的用户肯定希望把表情图标放在右边（在右手握持手机的情况下），发语音消息频率更高的用户肯定更希望把语音图标放在右边。所以，设计不是闭门造车，要做好设计，必须要精准定位产品的用户群体，明白他们的诉求。

对于侧边栏 tab，同样有位置的争论，放在左边还是右边？我们可以从以下三个维度进行分析。

1. 筛选诉求的程度

为什么虎扑 APP 的社区列表页的 tab 栏在左边，而支付宝的城市列表页的 tab 栏在右边？这是因为如果你想在虎扑 APP 里找到金州勇士队的专区，那么你得先找到 NBA 论坛，再去找勇士专区，即从上往下，从左到右，符合 Z 形浏览习惯，如图 5-36 所示。如果你把侧边栏 tab 放在左边，那么用户的浏览方向是反 Z 形的，违背了正常的浏览习惯。当然有人会说，我找城市也应该符合“Z”形浏览习惯啊。例如，我住在南京，先找到字母“N”，然后再找南京。哪里不对呢？

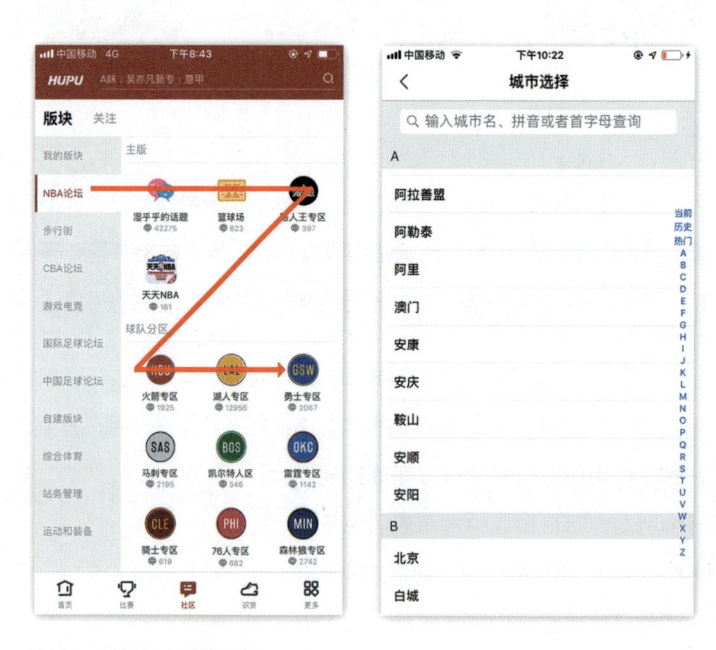

图 5-36 用户的 Z 形浏览习惯

因为这里提供了搜索功能，用户可以不依赖“首字母 – 城市”这个模式就能找到期望城市，而且耗时更少。所以相对来说，用户对于筛选的诉求不是很高：有你没你都行，属于备用的功能，放在右边更合适。

2. 隐藏还是展示？

此外，我们还要考虑 tab 栏是展示还是隐藏这个场景。我们发现只要 tab 栏有隐藏需求的时候，那么多数会被放在右边。因为如果被放在左边，那么入口可能会跟返回按钮相冲突。此外弹出来的 tab 栏可能会遮挡住信息栏的标题，例如在淘宝中，筛选栏如果被放在左边，那么就会盖住商品的配图，如图 5-37 所示。

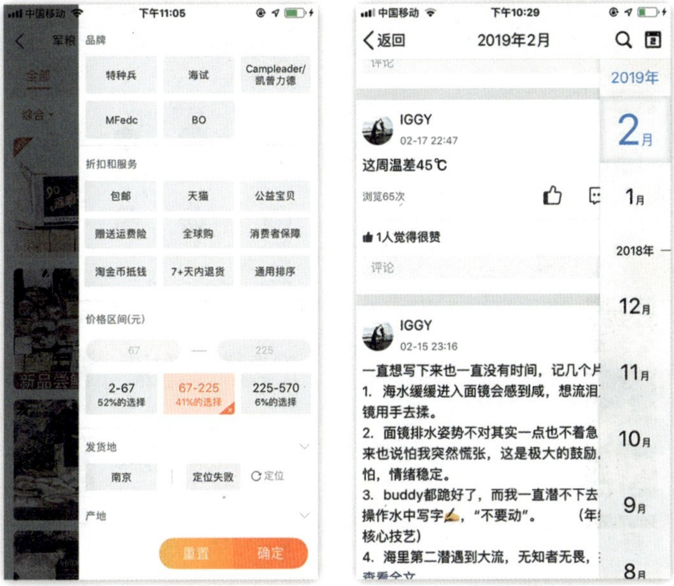

图 5-37　侧边栏 tab 放在左边不会遮挡“标题类”信息

5.3.2 状态

上面主要介绍了位置对于 tab 的重要性，接下来主要介绍 tab 的设计。在设计 tab 之前，我们可以对 tab 进行解构，任何一个 tab 其实都可以被看成是由文字和 icon 组成的，其中 icon 是非必需的。从信息传递的角度来说，icon 在效率上更占优势，但是在准确性上还是文字更占优势。

tab 可以被分为选中状态和非选中状态，一般来说，为了凸显选中状态，可以合理地利用以下四种元素：**字号、字色、线条和背景色**，其中线条的位置可以在文字上方也可以在文字下方，如图 5-38 所示。

我看了一下目前手机里的 APP，发现使用线条和背景色的产品正在逐渐减少。以虎扑 APP 为例，其之前的版本中使用了线条和背景色，改版后只使用了不同的字号来表现选中状态，如图

图 5-38　常见的 tab 样式

5-39 所示。

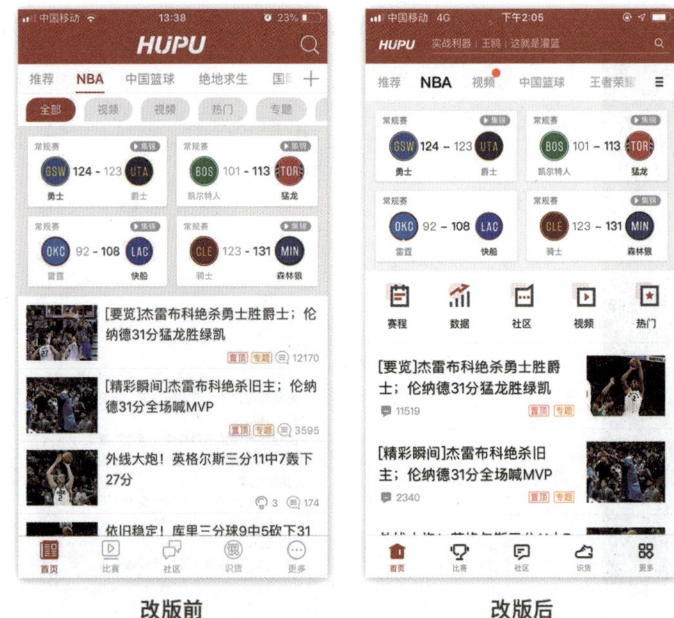

图 5-39 虎扑 APP 在 2018 年的改版

为什么会这样？要回答这个问题，我们首先要明白 tab 的作用是什么？ **tab 隶属于导航体系，是为了让用户可以更快地找到他们期望的内容或功能。**而设计的目的就是为了更好地表现产品的内容，导航体系在设计上应该尽量低调，让用户的注意力可以放在内容本身。而色块的视觉权重很大，所以目前很少有产品会这样设置。线条相对来说还好一点，对用户的干扰不是很大，所以现在使用线条的产品还是有很多，如图 5-40 所示。

如果仅从视觉表现力上来说，则色块和线条所组成的 tab 肯定更讨喜，也更能表现出我们的“设计水平”。但是，设计的目的是为了更好地展示功能和内容，让用户更容易接受。如果有多个方案可以达到这个目的，那么我们应该选择最简洁的方案。不要过于追求炫技，要学会克制自己的表现欲望，将技巧隐于无形中。放弃中间的“C 位”，偏安一隅更加符合 tab 的定位。

以上就是我所总结出来的原因，其中涉及信息的优先级。这里我觉得需要再延伸介绍一点其他的内容。

在日常工作中，设计师最讨厌的一件事情莫过于甲方临时改需求或者对一个稿子反复地改，那么设计师如何避免这种情况呢？在我看来，设计师在拿到需求之后，一定要跟甲方进行充分沟通，确认好需求。这里所说的确认需求，不仅仅是跟对方核对文案是否出错这么简单。而是要弄懂甲方这份需求中的信息层级和设计风格，也就是这个界面 /Banner 的风格，想要什么风格，想要突出哪些内容。

图 5-40　tab 是否需要吸引用户注意力？

很多时候，甲方虽然给你需求了，但是他们根本不知道自己想要什么。他们的期望是让设计师先做出一个版本，他们在这个版本上进行反复修改，最后达到他们心中所期望的效果。这种做法损害了设计师的利益，因为在甲方都不知道自己想要什么的情况下，设计师的初稿根本没有任何通过的可能性。所以，通过询问信息层级和设计风格这两个问题，可以促使甲方具象化自己的需求，这样也就避免了设计师来回地返工。

5.3.3 使用场景

我们对任何一个设计组件 / 元素进行分析的最终目的，都是为了更好地使用。“更好地使用”意味着要明白其最适用的场景，知道什么时候该用，什么时候不该用。

之前提到过 tab 属于导航体系，而 tab 在导航体系中属于“万金油”，基本在什么情况下都能用，但是也有用不了的时候。例如 QQ 邮箱，如图 5-41 所示，这是少数没有使用底部栏菜单（tab）的产品。这里使用的是列表式菜单，这是因为 QQ 邮箱属于核心功能比较单一的产品，其主界面就可以满足用户在核心场景下的需求，所以不需要通过底部栏菜单在几个功能模块之间来回切换。

简单的产品用不了 tab，也不意味着复杂的产品就一定可以用。下面再举一个例子，在 tab 项过多的情况下，用户可以滑动页面，但是在有的情况下，tab 选项实在是太多了，这时候使用 tab 就不太合适。如图 5-42 所示，在企鹅直播 APP 中可以切换成弹框进行选择，这个解决方法就很棒。

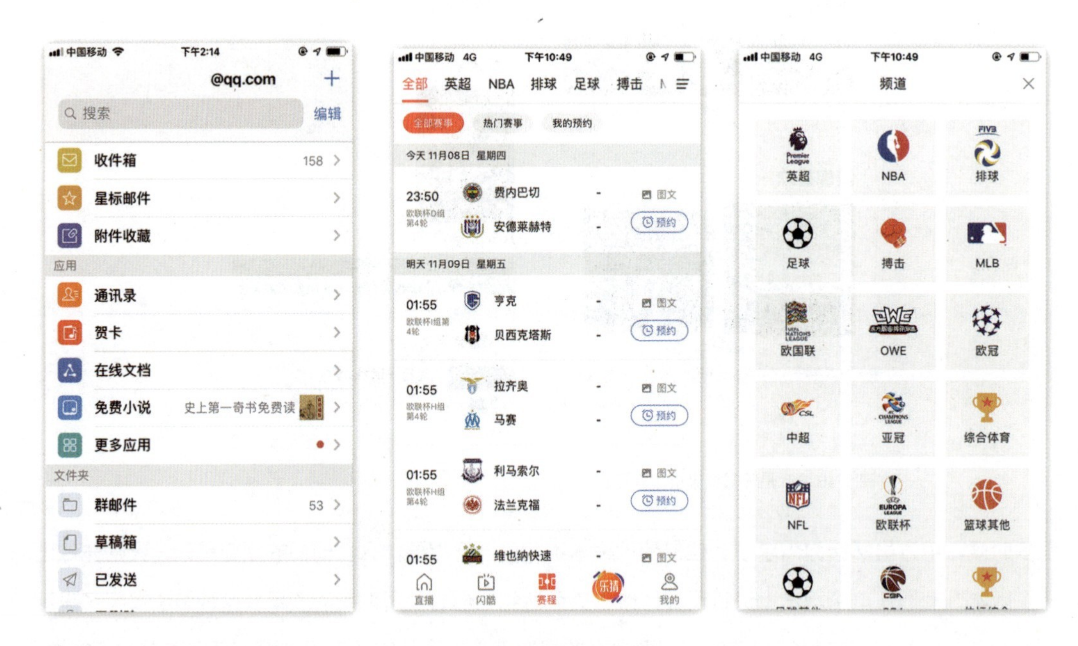

图 5-41 QQ 邮箱的列表式菜单

图 5-42 使用弹框展示更多的选项

5.3.4 tab 与 Segment Control

tab 与 Segment Control 经常会被大家混淆，因为两者的用法其实很相似。tab 是 MD 设计规范里的设计组件，而 Segement Control 是 iOS 设计规范里的设计组件。在很多产品中，我们可以看到 Segement Control 和 tab 共用的场景，如图 5-43 所示。Segement Control 和 tab 最大的区别在于可容纳选项的数目，前者只能容纳 2 ~ 5 个选项，而后者在理论上可以容纳无数个选项，因为用户可以滑动页面查看更多的选项。当然这只是从理论上来说，正常来说，在选项过多的时候，我们会像企鹅直播 APP 一样使用弹框的样式展示选项。

图 5-43 tab 与 Segment Control

5.4 标记系统

触发我对标记系统的思考是因为之前有一段时间我经常点外卖，在选店家的时候，我发现一家店铺的图标上有很多的标签，每个标签都代表不同的意思，如图 5-44 所示。“新”代表这家店是刚开的；“减”代表有“满减”优惠；“首”代表新用户下单会有消费金额优惠；“保”代表该店铺参加了“外卖保”计划，食品安全有保障；“票”代表该商家支持开发票等，非常复杂。当时我就在思考：如果我做的产品中的项目有这么多类别或者维度，那么我应该建立怎样的标记系统去区分它们呢？

图 5-44 外卖商家的众多标签

其实直接说标记系统的主要功能就是帮助用户区分不同的状态，这种说法并不准确。更准确的定义应该是**只有当产品中出现同类别的元素时，我们才考虑使用标记系统帮助用户区分不同的状态。**

我们可以把标记系统看成肩章，肩章只有佩戴在军装上才有意义，因为它可以用来区分军衔等级。如果我们穿的是休闲服，则可以从其他方面去辨识我们的身份，还需要肩章吗？所以，标记系统在产品中的定位类似于军装中的肩章，用于区分军衔等级。所以，当界面中有多个同类别元素时，就需要引入标记对特殊状态进行标示来帮助用户进行区分。

标记系统里的几个常见的设计元素有**角标**、**标签**、**红点**和**印章**。

5.4.1 角标

角标主要用于产品的营销宣传期间，提升用户的点击率。例如，当圣诞节快到了的时候，你想要重点宣传一个产品，可以使用角标来吸引用户的注意力，例如加上“爆款”“折扣”“热销”等字眼，如图 5-45 所示。

图 5-45　角标

在我看来，角标是表现力最强的标记元素。因为角标一般会出现在界面的左上方或右上方（左上方居多），根据用户的“Z”形浏览习惯，角标很容易被用户感知到，而且角标一般都是面状的，可以很好地达到吸引用户注意力的目的。

角标的缺点在于一次只能出现一个，如果你的产品具有多个卖点，如“爆品”“加价购”“APP 特惠”等，此时使用角标就不太合适了。当然，如果你非要用角标来展示也不是不行，但是会过于拥挤。这里也涉及信息优先级排序的问题，以前面提到的那个外卖 APP 为例，图 5-44 所示的店铺有很多特征，为什么偏偏把“新店”做成角标呢？我的理解是，这是一种对于新店的保护措施。因为角标对用户的吸引力更强一点，而平台必须通过这种强有力的宣传来帮助新店度过刚开张的过渡期。如果没有这种保护措施，新店就会存活不下去，没有新鲜“血液”的注入，这个平台早晚会关门。

5.4.2 标签

标签（Tag），主要用于标记和选择。标签与角标相比表现力会弱一点，但是它的优势在于可以同时展示多个，前面举说的那个例子就可以用标签来完成。不同的标签可以被设置成不同的背景色来加以区分，如图 5-46 所示。

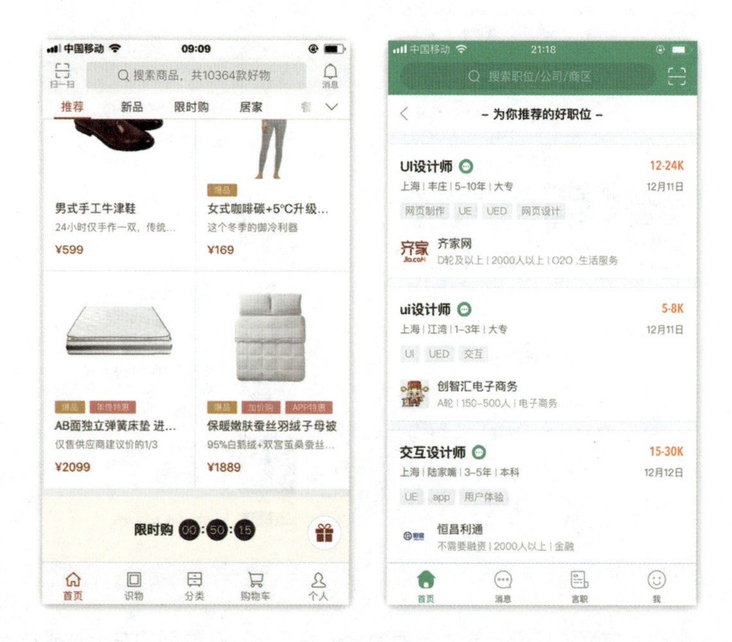

图 5-46 标签

此外，用户可以点击标签快速找到带有同一类标签的其他产品。所以，标签不仅可以完成标记任务，还可以起到信息筛选和分类的作用。

但是，并不是每一个标签都是可以点击的，因为用户通过标签去查看该分类的其他信息时，不一定是通过点击标签来完成的，也可以通过其他筛选途径来完成。

可点击的标签为了避免用户误操作，必然会挤占更多的界面空间，所以不可点击的标签是有存在意义的。而标签的样式又与按钮很像，如何设计出让用户知道“这是不可点击”的标签是一个难题。

5.4.3 红点

我们俗称的“（数字）红点”其实专业术语是 Badge，主要是指出现在按钮、图标旁的数字或者状态标记，如图 5-47 所示。

图 5-47　小红点

红点最基本的作用展示新消息的数量，也可以自定义显示数字以外的文本内容。还可以不加任何文本内容，直接展示一个小红点表示当前状态或者内容发生变更，如图 5-48 所示。

图 5-48　小红点的常见样式

对于红点的使用，一定要慎重。因为红点的工作原理就基于用户心中对于和谐、统一界面的追求，这里突然出现了一个红点，用户总是会忍不住想去点击。我们可以适当减小红点的尺寸，或者使用一些微动画效果来缓解用户由于这个红点产生的烦躁心理，如图 5-49 所示。

5.4.4 印章

印章主要用于表单内信息的标记。一般表单内的文本信息比较多，为了凸显信息，可以使用印章，而且因为现实生活中的印章所带来的隐喻，用户也很容易接受，如图 5-50 所示。

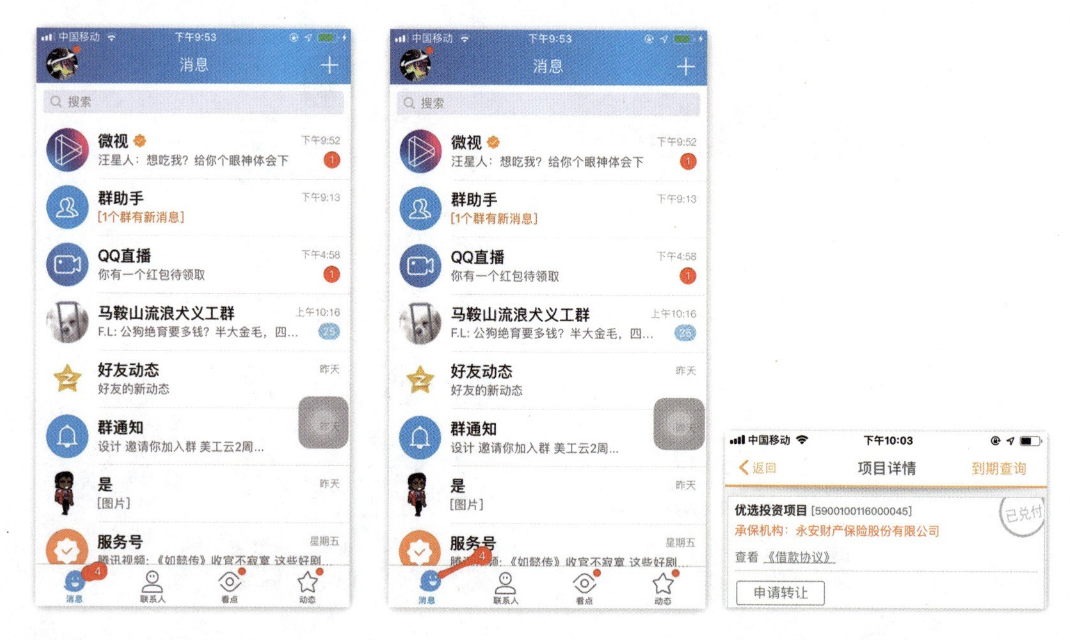

图 5-49 QQ 中的微动画效果

图 5-50 印章主要用于表单中

5.4.5 场景和层级

即使在同一款产品中，因为使用场景和信息层级的不同，相同的组件会有多种不同的展示样式。以使用场景为例，同样一个群消息提醒功能，是否开启了“免打扰”模式的红点的样式是不一样的，这里主要的区别是背景色，如图 5-51 所示。

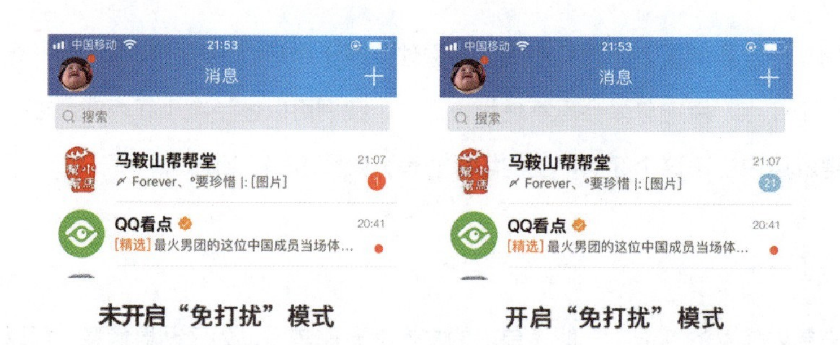

图 5-51 更换背景色实现“免打扰”

以信息层级为例，同样的标签，在产品的列表页中是面状的，而在详情页中的是线状的，如图 5-52

所示。关于这一点我是这样理解的，在列表页中，你得通过这些“诱人”的标签把用户吸引过来，当用户点击进入详情页后，就没有必要突出这些标签了。

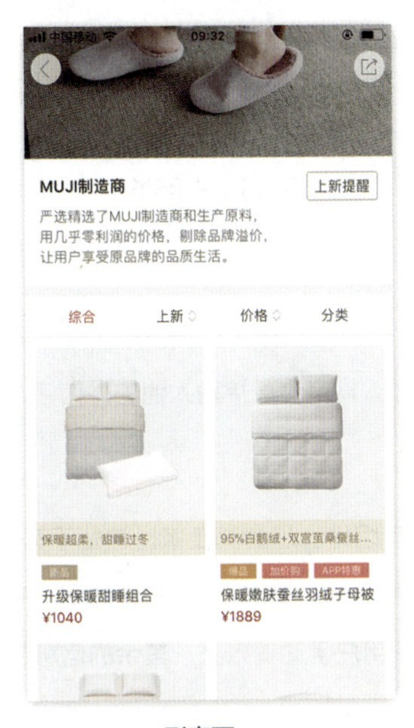

列表页

详细页

图 5-52　层级不同，样式也不同

下面从使用场景的角度对这四个元素进行一下总结：

角标：表现力最强，适合展示信息层级最高或者最重要的功能；

标签：常规标记元素，适合展示不太重要且数目较多的功能；

红点：着重于展示状态的变更；

印章：是表单类多文本信息的标记首选。

5.5 信息录入

UI 设计的本质就是创建一个可供用户与系统完成交互的界面，简而言之，就是实现人与机器（手机、电脑）的交流。机器把系统消息回传给我们，也就是反馈，这在 4.4 节中已经说过了，本节分析如何优化信息录入场景，提升信息录入的效率。

要提升信息录入的效率，设计师要牢记一个原则——**尽量避免让用户手动输入**。因为每个用户都期望以最方便、最快速的方式完成信息录入，他们不愿意打开键盘自己一个字一个字地敲。

当然，“避免用户手动输入”原则并不是在所有的场景下都成立，在某些场景中手动输入会更高效。例如，我的微信中有三千多个好友，如果我想找一个人，那么肯定会直接输入他的微信名，而不是通过筛选姓名拼音的首字母的方式。

要避免用户手动输入，我们需要引入相应的手势或者组件。想要真正掌握这些手势或者组件的使用，我们应该了解用户究竟会录入哪些信息。以个人信息为例，其中包括姓名、性别、生日、身高、家庭住址、手机号和收入情况等，除姓名和手机号必须由用户手动输入外，其余的信息都可以使用组件来录入。

5.5.1 列表

列表又被称为下拉框，其主要作用是让用户在众多选项中进行选择进而完成信息的快速录入。在移动端，列表一般从界面底部弹出。列表主要的优点可以总结为以下三点：

（1）节约界面空间；

（2）可以无限量添加选项；

（3）可以展示多层级的选项，如图 5-53 所示。

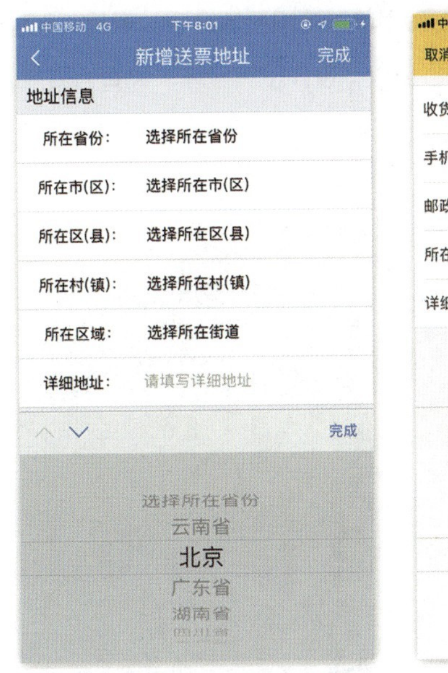

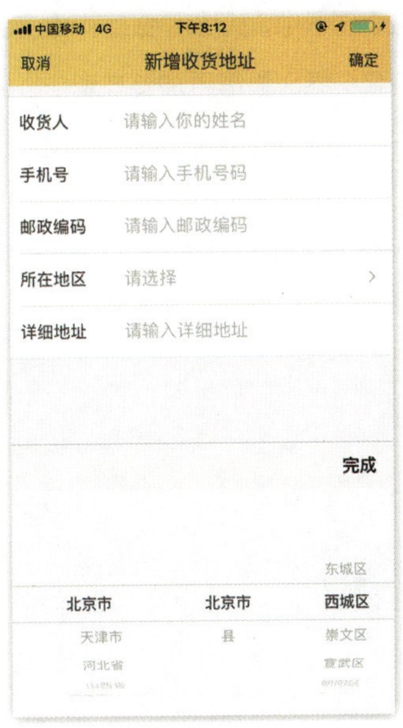

图 5-53　列表可以实现多层级的信息录入

所以，当界面空间很紧张，而且可供选择的项目比较多的时候，下拉列表是一个很合适的组件。省 / 市 / 区的录入可以用 1 个下拉列表来完成，如果非要用 3 个下拉列表，则增加了用户的操作步骤。

但是下拉列表的缺点也是很明显的：

（1）用户必须点击才能看到所有的选项；

（2）所有的选项都是从上至下排列的，无法体现优先级。

5.5.2 单选按钮

单选按钮和下拉列表就像一枚硬币的正反面，双方的优缺点正好相反。从样式上可以看出来，单选按钮与下拉列表相比，最大的不同在于选项的展示。单选按钮会把所有的选项都展示给用户，一目了然。如果在下拉列表中想要查看选项，则需要点击后才能展示出列表，多了一步操作。

以图 5-54 为例，在左图中，性别录入使用的是单选按钮，用户只要点击一次就可以完成性别录入。而在右图中，用户必须要首先点击打开下拉列表，并且下拉列表出现在界面底部，用户的拇指活动范围较大。所以在这个例子中，从易用性上来说，使用单选按钮更加合适。但是从美观性和一致性来说，使用下拉列表会使整个界面显得更加整齐划一。所以，设计没有好坏，只有合适或者不合适。决定使用何种方案取决于我们评价的维度。

图 5-54　性别录入使用下拉列表是否合适？

从上面的分析中，可以简单地总结一下单选按钮和下拉列表各自的使用场景：**在选项较少，且界面空间比较充足的情况下，推荐使用单选按钮；在选项过多，且存在层级结构关系的情况下，使用下拉列表更加合适。**

当然，一切都要看具体的场景，不能墨守成规。如图 5-55 所示，同一款篮球鞋会有很多种配色，这里使用的是单选按钮。如果按照上面的理论使用下拉列表，那么用户每次选择一种配色时都要打开下拉列表，增加了选择的间隔时间，影响用户进行比较。

图 5-55 颜色分类再多也不能使用下拉列表

5.5.3 开关

开关是用户可以进行切换状态（打开 / 关闭）的控件，在当前 UI 设计中被普遍使用。其中主要一部分原因是其模仿了现实生活中的开关，用户对此很熟悉。当设计师要设计一个开关控件的时候，首先要考虑的是开与关这两种状态要能够从视觉上给用户截然不同的感觉，要有明显的差异，易于用户进行区分，这样用户就不用花时间去分辨哪个是开，哪个是关，减少了用户的学习成本。iOS 和 MD 都在各自的设计规范中给出了开关的设计样式，但是我们可以做得更加出彩一点。如图 5-56 所示，像 Toonie 闹钟 APP 一样在开关中加入一些插画元素，更容易受到女性和儿童用户的喜爱。

怪物闹钟 APP 中的开关样式也很出彩，它抛弃了传统的按钮。当用户点击关闭闹钟时，整个条目都会被置灰，以此来告诉用户当前闹钟已被关闭，如图 5-57 所示。开关设计的精髓在于要让用户明确地感知到“开 / 关”两种状态，只要不破坏这个大前提，进行一些创新是非常可取的。

图 5-56 Toonie 闹钟 APP

图 5-57 怪物闹钟 APP

5.5.4 计数器和滑块

数字录入是信息录入的重要一环，关于数字录入，有两个很常用的组件：一个是计数器（InputNumber），另一个是滑块（Slider），如图 5-58 所示。

图 5-58 数字录入

计数器适合小范围内的数值调整，例如我们购买商品，在选择购买数量时就会使用计数器。对于大范围的数值调整，如果让用户不停地点击那么肯定是不合理的，例如用户要一次性购买 20 箱饼干，直接输入数字肯定会更加方便。因此，计数器要支持用户手动输入完成信息的快速录入。

滑块的应用也很常见，其优势主要在于用户更加偏爱滑动手势，这在 2.3 节已经介绍过了。对于数字精准度要求不是很高的信息录入，可以优先考虑使用滑块。例如，在做旅行计划时通过价格来筛选合适的酒店，900 元 / 晚与 1000 元 / 晚的价格差距不是很大，所以用滑块更加合适，如图 5-59 所示。

从上面的例子中还可以发现滑块的另一个优势：滑块不仅可以录入具体数值，还可以录入数值范围，这一点是计数器做不到的，当然这也不是计数器的问题，很少有控件能够直接录入数值范围。

要录入一个数值范围，就意味着我们要录入两个数值，很多设计师就会下意识地使用两个控件。例如，要录入一个日期区间，可以使用两个日期选择器。这种设置会增加用户的点击次数，我们完全可以让用户同时完成两个日期的录入，就像图 5-60 所示的这个例子。

当然，不是所有的时间段录入都可以这么设置，对于一些时间跨度比较长的日期，让用户分开输入会更加合适。

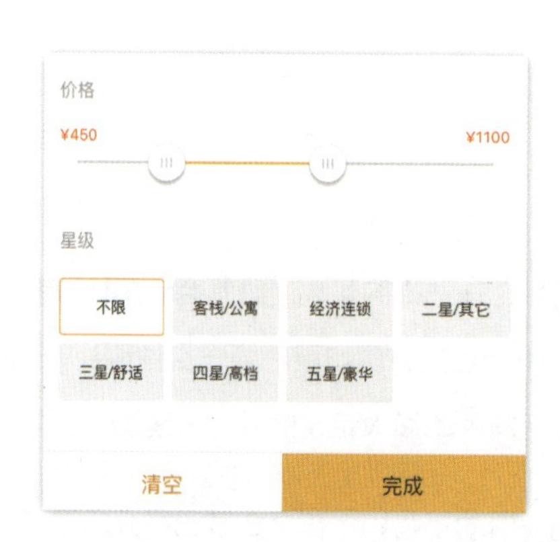

图 5-59 滑块可以录入数值范围

图 5-60 同时录入两个日期